改变世界的种子

\ 易中懿　等　著 \

中国农业科学技术出版社

图书在版编目（CIP）数据

改变世界的种子 / 易中懿等著 . -- 北京：中国农业
科学技术出版社，2021.12
ISBN 978-7-5116-5630-8

Ⅰ . ①改… Ⅱ . ①易… Ⅲ . ①作物 – 种子 – 普及
读物 Ⅳ . ① S330-49

中国版本图书馆 CIP 数据核字（2021）第 262936 号

责任编辑 马维玲
责任校对 李向荣
责任印制 姜义伟 王思文

出 版 者 中国农业科学技术出版社
 北京市中关村南大街 12 号 邮编：100081
电 话 （010）82109194（编辑室） （010）82109702（发行部）
 （010）82109702（读者服务部）
网 址 https://castp.caas.cn
经 销 者 各地新华书店
印 刷 者 北京地大彩印有限公司
开 本 170 mm × 240 mm 1/16
印 张 16
字 数 192 千字
版 次 2021 年 12 月第 1 版 2021 年 12 月第 1 次印刷
定 价 88.00 元

《改变世界的种子》

著　者

易中懿	马一杏	李寅秋	李德新	成纾寒
赵　我	袁星星	杨津津	张　湄	管思佳

绘　者

魏兰君　　陈钰洁　　陈　丽　　王　紫

科　学　顾　问

王才林	陈艳萍	孔令杰	何　漪	张　旭
薛晨晨	刘兴华	李春宏	张洁夫	沈　一
沈新莲	夏锦慧	杨　峰	郭文琦	刁卫平
谢江辉	王　尉	廖子荣		

序

　　"一粒种子可以改变一个世界"。大约一万年以前，人类与种子这段迷人、坚实、恒久的合作关系就开始了。人类发现落入泥土的种子可以发芽、开花、结实，种子就成了人类的主要食物来源。从那时起，人类便从由依赖自然赐予的狩猎、采集生活逐步过渡到以种植和家畜饲养为主，农业活动成为人类改造和适应自然环境并维持社会生存的最主要经济活动。纵观农业文明史，小麦、大麦、燕麦等麦类作物从西亚两河流域走向全世界，中美洲则是玉米、马铃薯、花生等作物的诞生地，中国以稻作农业与黍粟农业两套独立的原始农业系统孕育了世界上唯一连续演化发展的中华农耕文明。

　　人类与种子似乎始终秉持着这样的默契与共识——想要改变世界，首先要从改变自身开始。随着时间的推移，我们的祖先不断选择，将那些由于基因自然变异看上去表现出众（例如高产、优质、抗病虫）的个体保留下来，第二年接着种。就这样，最开始的野生植物变成了我们今天栽培的作物，这个过程就叫作"驯化"，也就是"原始育种"，可以称为人类育种（1.0 时代）。

　　但在随后的漫长岁月里，作物的改良进程十分缓慢，直到 19 世纪中叶至 20 世纪初，达尔文和孟德尔学说的相继问世，才引发了 20 世纪作物遗传育种的大发展。在这一百多年间，育种家和育种公司有计划地通过人工杂交来实现重组株高、产量、品质、抗性等优良性状来进行新品种改良，简称杂交育种（2.0 时代）。众多里程碑式事件可以说是星光闪耀：20 世纪 50 年代，美国著名育种家诺曼·布劳格（Norman Borlaug）培育出了矮秆、半矮秆小麦品种，引发了"第一次绿色革命"；20 世纪 70 年代，以袁隆平院士为代表的中国科学家成功培育出杂交水稻，大幅度提高了水稻产量，为中国和世界的作物增产与粮食安全作出了重大贡献。

然而，杂交育种主要还是依赖于表型选择和育种家的经验，就好像是在成千上万的盲盒里开出符合人类需求的有益变异，工作量大、效率低、周期长，培育一个新品种一般需要 10 年以上。20 世纪中叶，DNA 双螺旋结构的发现，及其以后 DNA 分子标记技术与转基因技术的发展与成熟，促进了以分子标记辅助育种和转基因生物技术育种为代表的分子育种（3.0 时代）的到来，大大提高了育种的规模和效率。今天，伴随着现代生命科学、生物育种技术和大数据、人工智能技术的突破，基因编辑、转基因、全基因组选择等生物技术（Biotechnology，BT）与大数据、人工智能等现代信息技术（Information Technology，IT）交叉融合，形成了以 BT+IT 为典型特征的智能设计高效农业生物育种技术体系，驱动现代育种技术快速变革迭代，孕育着新一轮农业科技革命，农业生物育种进入了智能设计育种（4.0 时代）。在基因层面，育种家根据基因型进行选择，可以准确地知道特定基因变异造成的表型变化，从而精准高效地培育出更为优异的品种。可以说，生物育种是育种产业的一把利剑，也是打赢种业翻身仗的关键，我们必须要用生物育种技术攥紧中国种子。

如今，在这样一个知识讯息日益快餐化、碎片化、娱乐化的时代，江苏省农业科学院这支集合了自然科学、社会科学、人文科学不同学科背景的年轻科普创作队伍，花了两年的时间，沉心静气、下足功夫，为我们带来了一本严肃认真但又有趣好读的原创科普读物。本书将告诉我们种子改变世界的故事，实际上也是人类社会自身发展和科学技术创新的探索之路。相信你一定会有愉快的体验和奇妙的收获。

大千世界 ●凡此种种

当我们聊起"种子",相信这个世界上每一方水土、每一个时代、每一个个体都会有属于自己的独到理解与感受,但是这其中想必最多被提及的一定是"新生""希望""丰收""绽放"等代表人世间最美好与光明涵义的词汇。

我们的世界离不开种子,相信这点没有人会提出疑问。但是如果多问一句,你有多了解种子呢?我们的生活日常有多少是与种子有关而你却一无所知的?种子是如何深刻而有力地影响着人类的过去、现在与未来?可能对于大多数人而言,这些问题的答案就显得有些遥远、模糊和抽象了。这本小书,就是发端于这么一群与种子最为亲近熟悉的人,想邀请你一道从一粒种子开始,窥见这奇妙斑斓的大千世界、灿若星河的人类文明、广袤幽微的科学探索。

在开启这段种子传奇之旅前,为了保证此次旅行的体验,让我们先做一些必要的功课和热身吧!

首先,何为种子?种子的形成是植物从低级到高级演化的重要产物,要远远早于人类的诞生。这些产生种子的植物被叫作种子植物,又分为裸子植物和被子植物,是植物界最高等、繁茂的类群。据估计,目前世界上的植物种类高达30多万种,其中2/3属于种子植物。

在植物学上,种子指的是由胚珠发育而成的器官,如大多数的豆类、棉花、油菜、萝卜、亚麻、烟草、瓜类、番茄、辣椒、茶、柑橘、梨、苹果以及松柏类等。这些植物的种子严格符合植物学定义,因而也被称为"真种子"。

但在现实世界中，尤其是涉及农业生产，种子作为最基本的生产资料或者说播种材料，涵义远远比植物学上的种子广泛得多。

农业种子主要分为两大类：一类是类似种子的果实，例如小麦、玉米、水稻、大麦等作物的果实，严格来说应该被叫作"颖果"；向日葵、荞麦、莴苣等作物的果实，实际上是它的"瘦果"。这些作物的果实内部均含有一颗种子，在外形上也与真种子类似，在农业上都被叫作"种子"。

另一类，就是某些作物的营养器官，在实际生产中它们并不是用种子种出来的（有性繁殖），而是通过它们的营养器官如块茎、秧苗、茎秆等进行农业生产（无性繁殖）。比如甘薯和山药的块根、马铃薯和菊芋的块茎、芋头和慈姑的球茎、洋葱和大蒜的鳞茎、甘蔗和木薯的地上茎，等等。虽然这些作物大多也能开花结实，但为了保证稳定的产量和品质，生产种植都是采用无性繁殖。一般只有在科研人员育种等情况下，才会直接用种子作为播种材料。另外，随着植物细胞工程技术的发展，还出现了一种"人工种子"，不过目前大多数还停留在实验室阶段，尚无大规模商业化应用。

当你接受了上述"农业种子"的基本设定后，我们的种子传奇之旅就将正式开启了！

接下来，我们将坐上时光机，飞跃万年，回到农业起源之地沉浸式感受小麦、玉米、水稻等古老谷物的卓越功勋，在惊涛骇浪中置身大航海时代审视浸透鲜血的胡椒贸易，见证来自中国的大豆在东西方智慧的碰撞与融合之间缔造"奇迹豆"的传奇，来到孟德尔的小花园与他一起推开现代遗传学的"豌豆之门"，在花生成熟时重温许地山《落花生》的人生哲理……在这里，我们将为你提供历史与科学的双重视角，从每一粒种子身上感受它独一无二的才华与改变世界的力量，读懂这波澜壮阔背后那些有关大自然的神来之笔、古代先民的勤劳智慧、科学家们的坚守付出……

在农业科研世界里的每一刻，关于种子的探索与创新都在不断上演。从吃得饱到吃得好，一代代农业科研人员薪火相传、生生不息。作为农业的"芯片"，小小的种子，连着"国之大者"。习近平总书记对种业振兴念兹在兹，强调"只有用自己的手攥紧中国种子，才能端稳中国饭碗，才能实现粮食安全"。越来越多的人认识到，种业是另一种形式的"大国重器"，我们必须坚持农业科技自立自强，用中国种子保障中国粮食安全。

作为农业科研战线的一分子，我们由衷希望你能透过这本小书，对种子为什么如此重要多一层科学而具象的认识，对农业科研人员的工作多一份熟悉和了解，也希望你能始终怀揣好奇心与热爱，从那些伟大可敬的种子与人们身上汲取认识与改变这个世界的信心和勇气。

目录

第八章 油菜籽——了不起的"加油站"

第九章 花生——虽然不好看，可是很有用

第十章 棉花——一朝花开天下暖

第十一章 马铃薯——"土"即是胜利

第一章

水稻
——梦之初心

学名：*Oryza sativa* L.

英文名：Rice

植物学分类：禾本科稻属

相信在很多人的童年记忆中都住着一片稻田。它可能青禾绿野，碧波翻涌，也许正稻香四溢、蛙鸣阵阵，抑或已是谷穗饱满，满眼金灿……这些最初的单纯与美好都与时光一道化作心田里最温柔坚定的力量，源源不断滋养着长大后在漫漫人生路上努力前行的我们。事实上，在中华民族的"童年记忆"里，水稻同样是如此的珍贵美好。中华儿女与水稻风雨同行走过万年，命运交缠，荣辱与共，如今更是携手在实现中国梦的征途上努力奔跑，勇敢追梦。

那些年，水稻的起源之争

从植物学的角度，世界上的稻属植物共有 20～25 种，但其中人类用于栽培的仅有 2 种：亚洲栽培稻（*Oryza sativa* L.）与非洲栽培稻（*Oryza glaberrima* Steud.）。其余都是野生稻，而我们常说的水稻通常特指亚洲栽培稻（*Oryza sativa* L.），占到了全球水稻栽培面积的 99％以上。

水稻是世界上最重要的粮食作物，全球近 1/2 的人口以稻米为主食，在亚洲地区有 20 亿人从大米及大米产品中摄取 60％～70％的热量与 20％的蛋白质。中国是名副其实的水稻大国，是世界上最大的稻米生产国和消费国，年均稻谷产量和消费量均占世界近三成，60％以上的人以稻米为主食。可以说，水稻不仅是大中华主粮圈公认的"最大公约数"，而且是事关国家口粮绝对安全和百姓福祉的"关键少数"。

中国人民与水稻的情缘之深随处可见，平日里见面打招呼开口第一句，说得最多的不是"你好吗"，而是"吃饭了没"。虽然时至今日，"干饭"的选择早已极尽多元、应有尽有，但一碗热腾腾、香喷喷的白米饭仍然是多少人心中无可取代的主食"白月光"。其实，米与饭之间这种天然而永恒的认知与感情联系可以上溯至一万年前，我国先民从那时起已经开始有意识地栽培和驯化水稻。

今天，水稻起源于中国已经成为国际共识，但在20世纪70年代以前，水稻的"祖籍"问题曾是一个极具争议的国际话题。当时，稻作起源于印度学说曾经长期居于主导地位，并对整个水稻科学研究产生了深远的影响。1928年，日本学者加藤茂苞通过植物血清反应，发现了籼稻和粳稻的区别，将亚洲栽培稻划分为印度型与日本型2个亚种，分别命名为 *Oryza sativa* subsp. *indica* 和 *Oryza sativa* subsp. *japonica*，一直沿用至今。中国学者很早就对印度起源说提出了质疑。我国水稻研究奠基人丁颖先生从20世纪30年代开始就通过历史学、语言学、人种学、考古学、植物学等综合考察，对水稻的起源问题充分论证，认为中国具有悠久的水稻栽培史，是栽培稻的起源地。然而，在稻作印度起源说占据主流地位的时代，中国学者的观点并没有引起国际学术界足够的关注。

所谓念念不忘，必有回响。20世纪50—70年代，中国考古工作喜讯频传，尤其是1973年和1977年浙江余姚河姆渡遗址的2次发掘被视为稻作起源和中国文明史研究的里程碑。河姆渡遗址的发现把中国稻作起源一下推进到7 000年前，比印度发现的最古老的稻谷早了

3 000 多年。遗址第 4 地层不仅普遍发现有稻谷、谷壳、稻秆、稻叶等遗存堆积，还发现了耒耜等生产工具。这说明河姆渡人已经开始从事稻作农业生产，稻谷已是当时人们的重要食物来源之一。

河姆渡遗址栽培稻谷的发现和研究颠覆了稻作起源印度的观点，成功改写了国际学术界对稻作起源的"定论"。河姆渡之后，探索中国稻作起源的接力赛一直没有停止过，越来越多令人惊喜的发现在这片古老的土地上展露于世，不断刷新着人类对于水稻的认知。

目前，我国考古工作者已在江西万年仙人洞遗址和吊桶环遗址、湖南道县玉蟾岩遗址、浙江浦江上山遗址 4 处考古遗址，发现了距今一万年前后的碳化稻米和碳化稻壳遗存，将长江中下游地区栽培水稻的历史上溯到一万年以前。20 世纪 90 年代以来，考古工作者又陆续在江苏吴县（现苏州吴中区）草鞋山遗址、湖南澧县城头山遗址、江苏昆山绰墩山遗址、浙江余姚施岙遗址等处，发现了距今 6 000 多年前的古稻田。现有的众多考古发现以及分子生物学研究均向世界强有力地证明了水稻起源于中国长江流域。曾经被误解的水稻终于可以扬眉吐气、骄傲自豪地向世界大声宣告："我，来源于中国！"

乘风破浪的"稻米之路"

虽然水稻是个地地道道的南方作物，但是积极上进的它并不满足于半壁江山的现状，而是一路向北，跨越淮河，成功抵达了中国北方地区。早在新石器时代，黄河流域就已经出现了水稻种植。1921 年

10月，继成功发现北京猿人洞穴后，著名的瑞典地质学家、考古学家安特生在河南渑池县仰韶村进行了为期一个月的发掘。安特生一行人在这里发现了大量石器和精美彩陶，这便是日后赫赫有名的"仰韶文化"。仰韶文化遗址的发掘，结束了所谓"中国无石器时代"的历史。用安特生自己的话说，中国本土的史前文明终于"与我们所知的早期人类历史活动链条般地衔接在一起了"。据考古文献记载，安特生还在一块红烧土上发现了稻谷印痕，这是迄今为止黄河流域新石器时期稻作农业考古发掘中学术影响最大，也是最古老的一件标本。

水稻的"北上"之路可能存在两条路线，一条是通过长江中游进入北方黄河流域的河南、陕西一带；另一条则是通过长江下游进入黄河下游的山东，淮河下游的苏北、皖北一带。同时，水稻也没有放松对南方片区的拓展，一路继续向东南沿海和西南传播。

随着水稻势力范围日益扩张，终于有那么一天，"国际业务"自然也变得水"稻"渠成。大约在3 000年前，水稻北传至朝鲜，南传至越南。2 000多年前，水稻东传至日本。民间传说中，奉秦始皇之命出海寻访仙药的方士徐福一去不返，但却给日本带去了包括稻谷在内的开启文明新纪元的文字、农耕和医药等技术。因而，秦人徐福也被日本百姓尊为"农神"和"医神"。传说也许只是传说，但水稻传入日本确实意义重大，日本学者村新太郎在《中日两千年》中盛赞中国水稻的重大贡献："拯救了日本列岛饥饿的人们，……无论如何，稻米要比其他一切更值得感谢。米与牲畜、贝类不同，可以长久贮藏。不久，村落形成了国家。"

在世界的另一头，5世纪，水稻取道波斯传入欧洲，当地人从此学会了种稻炊饭。8世纪，统治西班牙的摩尔人开始大面积种植水稻。到了 16 世纪、17 世纪，西班牙人和葡萄牙人将这种神奇的东方谷物引入美洲全境。1685 年，南卡罗来纳州查尔斯顿居民亨利·伍德沃德从约翰·瑟伯船长手中获得了一小包来自马达加斯加的水稻种子，由此开启了美国如火如荼的"种稻时代"。源源不断的黑奴从西非和西印度群岛被运送至此，负责给河口开荒，开垦水田，种植水稻。"平坦而又浑然一体，眼睛顺着河流上下凝视，这一景象绵延数里而不断。"这是《美国月刊》的记者在 1836 年 10 月号上描述的稻田风景，但这看似美好怡人的景象背后隐藏着的却是无数黑奴的辛酸血泪，直到美国内战及奴隶交易消失后，才再也没有人被强迫从事维护稻田的繁重劳动。虽然几经巨变，水稻还是在美国站住了脚跟，现在的路易斯安那州、加利福尼亚州等地都是美国稻米的主产区，并且 60％ 以上种的都是我们中国发明的杂交稻。

今天，除了南极和北极，全球共有 113 个国家种植水稻，几乎已经遍布了每一片适合水稻生长的土地。一粒小小的稻米，跟随着人类的脚步，从中国出发走向世界，踏出了一条有关生命与文明不寻常的"稻米之路"，成长为连接起关乎整个世界命运的奇迹种子。

TIPS:

闻名遐迩的"东北大米"实际上算是稻米界的"后起之秀"。在清代之前，东北人民长期以种植大豆、高粱、谷子等旱田作物为主，鲜有种植水稻。直到清代中后期，善于寒地稻作的朝鲜移民迁入东北地区才开启了种稻"事业"。这些移民不畏艰辛严寒，积极试种推广水稻，建设水利设施，将无人耕种的低洼湿地、沼泽建设成稻作区，不断拓展水稻的种植范围，为日后东北地区逐渐发展成为全国重要的粳稻主产区做出了不可磨灭的贡献。

水稻

Oryza sativa L.

越来越重要的稻米

都说"罗马不是一日建成的"（Rome was not built in a day），稻米今时今日在主粮界的地位同样并非一日之功，真正成功上位也就是最近这 1 000 年的事情。而在此之前，尤其是在中国北方，稻（大米）在与粟（小米）的餐桌争夺大战中始终处于劣势。粟作为孕育滋养了早期华夏文明的主要口粮来源，在全国的粮食构成中一直是当仁不让的主角。

以粟为食的中国人口在唐代达到了 8 000 万～9 000 万人之时，却似乎遭遇了前所未有的"天花板"，粟作已不能满足日益增长的人口需求。唐代诗人李绅那首著名的《悯农》，"春种一粒粟，秋收万颗子。四海无闲田，农夫犹饿死。"正是大唐王朝粮食供应面临尴尬境地的真实写照。上至庙堂下至乡野仿佛都开始意识到是时候寻找一种全新的高产作物了。这时，用专业术语来说，繁殖系数（即单位面积上作物种子的收获量同播种量之比）远高于粟的水稻，终于脱颖而出，闪亮登场。

自唐代起，每年有数以百万石的稻米经由京杭大运河从南方运往北方，支撑着这个骄傲庞大帝国的运行。富有增产潜力的水稻大大纾解了黄河流域的粮食压力，并逐渐后来居上，延续着中华文明的荣光。而曾经那个太史公笔下"地广人稀，饭稻羹鱼"的楚越之地，已经一跃成为九州之内最丰饶富庶的"鱼米之乡"，维系着整个国家的经济命脉。稻米构成了国家赋税的基础，唐代 9/10 的国家财政收入都来自产稻的江淮地区。"绿波春浪满前陂，极目连云罢亚肥""千里稻花应秀色，五更桐叶最佳音""稻花香里说丰年，听取蛙声一片"。唐诗宋词中不乏关于稻田的曼妙诗句。

在历经晋永嘉之乱、唐安史之乱、北宋灭亡这 3 次中国历史上著名的人口大南移之后，全国的政治、经济、文化重心完全转移到了南方。自北宋中期开始，中国有半数以上的居民生活在水稻种植区。稻米正式取代小米成为全国粮食供应的主角，由此带来了中国历史上第一次人口爆炸式增长，首次突破亿人大关。从南宋开始，民间就流传着"苏湖熟，天下足"和"湖广熟，天下足"的说法。苏州、湖州一带与湖北、湖南两省所处的长江中下游地区正是中国稻米的主产区。明末著名科学家宋应星在著作《天工开物》留下了这样的记录："今天下育民人者，稻居什七。"

虽然稻米的"国民主食"之位早已是不争的事实，但不同于在南方地区的说一不二，它在北方的处境却透着些许微妙的尴尬，似乎高贵但又好像卑微。一方面，稻米被奉为"嘉谷"，受到富贵阶层的追捧。春秋时期，子女为父母守丧就有不得吃稻米饭、不得穿彩色衣服的习俗。孔子的弟子宰予却居丧而照样食稻衣锦，遭到孔子的严厉批评："食夫稻，衣夫锦，于女安乎？"乾隆皇帝对于稻米的喜爱更是到了"无一日不食，无一食非稻"的地步。但另一方面，北方的老百姓似乎对它并不怎么"感冒"，他们既买不起昂贵而稀有的稻米，也实在是不爱吃。宋元以后，由于粟的淡出而空缺出的主粮市场已经基本被西来的小麦"接管"，面食成了北方大众日常吃喝的第一选择。

那么问题来了，国家每年耗费大量的人力物力财力，通过漕运从南方征调的大量稻米都被谁吃了呢？有学者从现有资料推测，流入北方的漕粮最终的消费者大多是身在北方的南方人，而其中最多的是士兵。

小米粒里的大乾坤

曾经有人做过测算，一碗饭有 4 000 多粒米，从种子到粮食、从田间到餐桌，每一粒米都要经历 3 000 多小时和几十道工序的历练。虽然"粒粒皆辛苦"是一个中国人对于粮食几乎类似于条件反射的基本认知，但似乎大多数人的认知也仅到此为止了。也许你并没有想象中的那么了解这位餐桌上的"黄金配角"，是如何度过平凡而伟大一生的。

即便抛开春播到秋收这浩瀚劳作的种植周期，一粒成熟丰满的稻谷要成为人类眼中的大米，仍然还有很长的修炼之路。稻谷由谷壳（颖）和糙米（颖果）两大部分组成。谷壳大家都好理解，不管是嗑瓜子还是开核桃，想要吃到美味的果仁，必须得把壳儿去了，稻米同样也是如此。去壳之后的稻米，也就是糙米，由皮层、胚乳和胚三部分构成。我们日常吃的大米实际上是"胚乳"的部分，是由糙米经过碾米、抛光等精细加工去掉糊粉层以外的部分所得，也被叫作精米、精白米、白米，被去掉的这部分则被统称为"米糠"。在一系列的外力作用过程中，种皮破碎后，胚和胚乳也分离了。不信可以仔细观察下家里的米粒，是不是都好像缺了一个角似的？而这就是消失的胚留下的痕迹。

现在大家普遍都已接受大量摄取过度精加工的食物并不健康的观念，而在生产力低下的古代，因为有钱只吃精米的"任性"行为让日本皇室贵族和军队大吃苦头。从日本江户幕府时代（1603—1868 年）开始，就有一种怪病在宫廷贵族间流行。刚开始患者出现腿软、全身无力或抽搐呕吐等症状，接着脚开始肿大、溃烂，走起路来如万箭穿心、直冒冷汗。再后来，会胸闷气喘、神志恍惚、卧床不起，甚至死亡。因为这个病最早从脚部发作，得名"脚气病"，当然，并不是你想的那种脚气（脚臭）。江户幕府第 14 代将军德川家茂（1846—1866 年）正是患脚气病英年早逝，间接导致了幕府的倒台，开始了明治天皇的统治时代。长期以来，这种可怕的怪病病因成谜，人们一度还以为是细菌搞的鬼，直到 1886 年一次科学史上著名的歪打正着的发现，才锁定了真正的"元凶"。荷兰医学家克里斯蒂安·艾克曼（Christiaan Eijkman）从鸡饲料中得到启发，从而确定了糙米中存在可以治疗脚气病的物质，才算渐渐揭开了魔鬼的面纱。后来的研究发现，罹患脚气病的主要原因是由于缺乏维生素 B_1。越是精细加工的米，维生素 B_1 的含量也就越低。这也就解释了为何脚气病总是光顾天天吃精米的贵族和富人，而只有糙米吃的日本老百姓却很少得病。

如果问你大米是什么颜色？绝大多数人的反应一定是白色，但是转念想想好像也不对，那紫米、黑米、红米又是怎么来的呢？实际上，除了白色、黑色、紫色、红色，自然界中稻米的"色号"还有很多，例如乌黑色、紫黑色、黄色、绿色、褐色、紫红色……这些带"色儿"的稻米一般都被称为有色稻米，而这些丰富多彩的颜色都来自外果皮、中果皮及种皮内的色素堆积，到目前为止，还没有发现任何一种水稻品种籽粒的胚乳是彩色的。所以，平常我们吃到的各类有色米都是糙米，假使把它们拿去按照普通大米的方法加工，那么，无论之前是什么颜色，出来的都只会是白花花的大米。

我们日常吃的白米，不管是五常米、珍珠米、羊脂米还是越光米、泰国香米、丝苗米，从植物学的角度，水稻有且只有两大派系（亚种）：籼稻和粳稻。籼稻与粳稻以神奇的北纬 30° 为界，分别统治着中国的南方稻区和北方稻区，形成了我国水稻种植"南籼北粳"的总体格局。不过值得一提的是，虽然南方稻区主要以种植籼稻为主，但湖北、安徽、江苏等江淮流域是个比较特别的"籼粳并存"种植区,这一带既种籼稻也种粳稻。

从米粒的外形来看,一般来说,籼稻谷粒修长,是个"高白瘦"。粳稻谷粒圆短,更像个"白胖子"。不过要想感受籼与粳的区别,最直接的方法还是要亲口尝一尝。2 000多年前,东汉的"米饭达人"们已经有意识地对籼与粳进行区分,《说文解字》中就有籼为"稻之不粘者"、粳为"稻之粘者"的记述。决定稻米口感"软硬"的关键是其中直链淀粉和支链淀粉的含量。一般来说,籼米的直链淀粉含量高,口感也就相对偏硬;粳米的直链淀粉含量低,口感会软糯一些。

说到这里,你可能会觉得是不是漏掉了什么重要内容,如果大米只有籼、粳两种,那么糯米又算是什么米呢?其实,糯米并不能算是严格意义上的亚种分类,只是一个农学品种上的分类概念。农学家把谷粒里支链淀粉含量接近100%,几乎不含直链淀粉的稻米都叫作糯米。因而,籼米和粳米中都有糯米存在。如果糯米谷粒长,就叫籼糯,如果糯米谷粒短,就叫粳糯。

籼、粳虽然分属两大派系,却都是人类的好朋友,共同撑起了我们赖以生存的"米袋子",绝无孰优孰劣之分。在吃饭这件事上"没有最好的,只有最适合的"道理同样适用。下次买米的时候,不管包装袋上的描述多么天花乱坠,想要知道是籼是粳,不妨看一看米的产地和身形。不过话说回来,随着农业科技的进步,在农业科学家的精心培育下,籼与粳都在朝着成为更好的自己不断努力。南方地区的籼米的直链淀粉含量也在大大降低,煮出来的米饭同样可以香软可口;传统的圆粒粳稻经过改良,身材也变得修长了,比如大家耳熟能详的五常"稻花香"。

一日三餐，知稻分籼粳，方能品百味。在科技竞技场上，中国科学家为了重新赢得水稻亚种命名权一直在努力。2018 年 4 月，中国农业科学院黎志康研究员团队在《自然》发布研究成果，通过对全球 89 个国家和地区的 3 010 份水稻种质进行基因测序，首次提出了籼、粳亚种的独立多起源假说，并对亚洲栽培水稻中"籼""粳"两大亚种恢复了具有"中国味"的籼（*Oryza sativa* subsp. *xian*）、粳（*Oryza sativa* subsp. *geng*）亚种的正确命名。这是"籼"与"粳"两个汉字第一次出现在国际顶尖学术期刊上，我国科学家对于先前 *indica* 与 *japonica* 误导性命名的坚持更正，为正确认识和传承中国源远流长的稻作文化赢得了漂亮的一仗。

> **TIPS:**
>
> 稻米的香味有很多种，依感官感受可以分为紫罗兰香、莴苣笋味、山核桃香、爆米花味、茉莉花香与香锅巴香等类型。国内外大量研究显示，稻米的香味主要由隐性基因决定。

热爱大米的一万个理由

在很多人的眼里，热爱大米不需要理由，尤其是在我国南方，大多数人天生长了一个米饭胃。即便是玉馔珍馐、钟鸣鼎食之家的贾府，"一大碗热腾腾碧荧荧蒸的绿畦香稻粳米饭"同样能令一众人等口舌生津、心驰神往。大诗人苏东坡奉若至宝的"三白饭"可以说是他笔下"人间有味是清欢"最完美的注解。清朝著名"十级吃货"袁枚也曾发出过"饭之甘，在百味之上，知味者，遇好饭不必用菜"的感慨。大道至简，繁华深处，终归朴素。一碗白米饭，除了有直链淀粉和支链淀粉，还藏着人生的真谛啊。人肯吃米饭，就是守得淡、不忘本，而当你细细咀嚼，也会在这平平无奇中体会到淡淡的香甜。不妨找个时间，认认真真地品味一碗白米饭吧。

白饭虽说是永恒的经典，但米食爱好者们当然不会放弃任何一个激发米粒美味潜能的机会。从春节的八宝饭、年糕开始，到正月十五的元宵（汤圆）、清明节的青团、端午节的粽子，以及重阳糕、腊八粥……百变米食全年四季无休陪伴中国人民欢度佳节，档期被安排得满满当当，与北方的饺子一起堪称"主食界劳模"。

另外，在这里不得不提的还有一种近年来风靡全国、圈"粉"无数的米制小吃——米粉。自秦汉时期杵臼、踏碓、风车和石磨等粮食加工工具发明以来，我国南方地区的先民就已掌握了将大米加工为各类条状物的技能。据北魏贾思勰所著的《齐民要术》记载，他们在挖空的牛角底部凿孔，将米浆从孔里慢慢挤出，然后在沸水里煮熟，浇上肉汁或者放在酪浆与胡麻糊中享用。因为语言习惯不同，各个地区的叫法也大不相同，江苏、浙江、福建、广东等地称粉干，江西、湖南、湖北、贵州、四川等地称米粉，云南则一般称米线。桂林米粉、南宁老友粉、常德牛肉粉、水城羊肉粉、凯里酸汤粉、新竹米粉、南昌拌粉……群星闪耀的中国米粉江湖从来都是"神仙打架"，各有死忠，而这其中又要属"气味上头"但又令人欲罢不能的柳州螺蛳粉最为"出圈"，约上三五好友一道嗦粉成了 90 后、00 后的快乐源泉。这种发端于 20 世纪 70—80 年代的路边小吃，通过柳州人的"工业思维"，实现了从"现煮堂食"到"袋装速食"的"米粉革命"，写下了一段从传统特色产品蝶变为"网红食品"的传奇。2020 年，袋装柳州螺蛳粉产销破亿元，日产量最高达 325 万袋，远销海外 20 多个国家和地区。柳州螺蛳粉产业已创造超过 25 万个就业岗位，带动 50 万亩原料基地以及覆盖多领域产业链的发展。2021 年 4 月 26 日，习近平总书记在视察柳州螺蛳粉生产集聚区时指出，小米粉大产业，做到这么大很不容易。

除了各式美味的吃食，糯米还是中国古代主要的酿酒原料。古往今来迁客骚人、名士风流，不可一日无酒。被誉为"天下第一行书"的《兰亭集序》正是在王羲之偕天下名士雅集于会稽山阴的兰亭，行修禊之礼，曲水流觞，值酒酣意畅之时一气呵成。当时众人饮用的便是由当地独有的糯稻酿制而成的绍兴黄酒。据说，王羲之酒醒之后欲重写《兰亭集序》，但均与宴席微醉之时写就的那篇相去甚远。

TIPS:

没有电饭锅的古代中国人煮饭大致经历了无炊具烹饪时期、石烹时期、陶烹时期、铜烹时期与铁烹时期。新石器时期早期，人们把稻谷放在石板上烘烤，借助石器传热把稻谷烤熟。到了河姆渡、仰韶文化时期，人们发明了一种特殊的陶器——甑［zèng］，把稻米放到上面蒸着吃，陕西传统小吃甑糕便是由此蒸器传承演化而来。

中国人的饭碗革命

1917 年 7 月，青年毛泽东在湖南省学联刊物《湘江评论》的创刊宣言中，写下了这样掷地有声、石破天惊的非凡见地，世界什么问题最大？吃饭问题最大。国以民为本，民以食为天，世界上哪还有比吃饭更大的事儿。1 000 年来，由于水稻绝收减产引发的饥荒与动乱屡见不鲜，能不能吃饱肚子，是牵动家国命运的底线问题。为了提高水稻产量，古代统治者和生产者们都在以自己的方式进行着努力和探索。

清代康熙皇帝还曾经"亲自下场"钻研水稻品种选育，并成功培育出了"御稻米"。这个品种农历六月便熟，谷粒长，颜色微红，又因是康熙本人发现的，遂得名"御稻米"。康熙在北京成功培育御稻米后，积极致力于它的试种和推广。康熙四十四年（1705 年），他开始在避暑山庄进行御稻米种植试验，结果大获丰收，打破了长城以北地区无霜期短、不适合种植水稻的历史。后来，康熙还积极将御稻米推广到南方地区，亲自指导李煦等大臣试种和培育一年两熟的双季稻。英国著名生物学家达尔文就康熙对御稻米的培育和推广所做的努力给予了肯定，"由于这是能够在长城以北生长的唯一品种，因此成为有价值的了。"

中国的现代水稻育种起步于 20 世纪 20 年代，至今已走过百年历程，一代代中国科学家呕心沥血、薪火相传，为水稻增产、消除饥饿做出了不可磨灭的贡献。1919 年，南京高等师范学校农科专业原颂周、周拾禄、金善宝等老一辈农业科学家征集全国各地水稻良种进行比较试验，并在 1924 年培育出了我国利用近代育种方法育成的第一代水稻良种——"改良江宁籼"和"改良东莞白"。1949 年以后，中国的水稻育种真正开始快速发展，相继实现了 3 次重大的"饭碗革命"，为我国水稻产量的大幅度提升奠定了最坚实的基础。

第一次划时代的变革出现在 20 世纪 50 年代，以中国工程院院士、广东省农业科学院水稻研究所黄耀祥为首的中国育种家首先提出了矮秆水稻的育种目标。台中在来 1 号、广场矮和矮脚南特 3 个矮秆水稻品种的率先育成，不仅开创了水稻矮化育种的新纪元，甚至引导了世界水稻育种的方向转变。随着更抗倒伏、更耐肥的矮秆新品种的全国性推广，中国水稻实现了从高到矮的革命性变革，并带来了水稻产量的第一次飞跃。

第二次则是大家耳熟能详，始于 20 世纪 60 年代的杂交水稻育种。1966 年 2 月，袁隆平先生在《科学通报》第 17 卷第 4 期发表了一篇名为《水稻的雄性不孕性》的论文，拉开了我国水稻育种杂种优势利用的序幕。1970 年，袁隆平及其助手在海南省发现了自然界"雄性不育"的野生水稻植株——"野败"。经过全国的协作攻关，1973 年中国率先实现了"三系"配套。1976 年，杂交水稻开始在生产上大面积推广，中国成为世界上第一个成功进行水稻杂种优势大面积利用的国家。其中，谢华安院士育成的汕优 63，1986—2001 年，连续 16 年成为中国种植面积最大的杂交水稻，累计种植面积超过 10 亿亩，增产粮食 700 多亿千克。在深入探明"光敏感核不育"机制的基础上，20 世纪 80 年代后期，袁隆平先生提出了杂交水稻从"三系"到"两系"再到"一系"的育种战略。以两优培九、扬两优 6 号、Y 两优 1 号等为代表的两系杂交水稻有力推动了我国水稻单产和总产的双丰收。中国杂交水稻不仅解决了中国人的吃饭问题，更将消除饥饿的自信与决心的种子播撒到全世界。今天，杂交水稻已在亚洲、非洲 40 多个国家成功示范，并在 10 多个国家大面积推广。

1921 年，中国人口约为 4.4 亿人，而 2021 年，中国人口已经超过 14 亿人，100 年的时间增长了近 10 亿。水稻以约占粮食总面积 25% 的播种面积，贡献了近 32% 的产量，可以说是功不可没。但是随着耕地的减少和人口的增加，"人增地减"的严峻形势对于水稻单产提出了新的更高的要求。为了满足 21 世纪全国人民的粮食需求，农业部（现农业农村部）在 1996 年立项启动了旨在提高水稻产量潜力的中国超级稻育种计划。这就是我们所有人正在共同见证和经历的第三次重大变革。

由袁隆平、谢华安、陈温福、程式华等知名专家领衔，联合全国数十家科研单位组成的"水稻天团"，发起了一场有关超越自我的"极限挑战"，誓要以科技进步之力守卫国家粮食安全。令人欣慰的是，我国科学家们已在超级稻基础理论和品种选育方面取得了巨大进展，分别于 2000 年、2004 年、2011 年、2014 年实现了大面积示范亩产 700 千克、800 千克、900 千克、1 000 千克的"四连跳"。当然，有关超级稻的传奇故事依然在上演着，亩产量不断在跟自己的成绩 PK，一次次刷新着自己创下的世界纪录。2021 年 10 月 17 日，第三代杂交水稻双季亩产达到了 1 603.9 千克，再次刷新了世界纪录！

袁隆平先生曾说，"发展杂交水稻，造福世界人民，是我毕生的追求和梦想。"一缕米香，一阵稻浪，一亩禾田，"C_4 水稻""固氮水稻""耐盐碱水稻""耐旱水稻""一系杂交稻"……那一个个有关丰收与富强的稻田梦仿佛永远没有尽头，一代代水稻人必将接力永续，不负韶华，让梦想照进现实。

参 考 文 献

比尔·劳斯, 2013. 改变历史进程的 50 种植物 [M]. 高萍, 译. 青岛: 青岛出版社.

程式华, 2021. 中国水稻育种百年发展与展望 [J]. 中国稻米, 27 (4): 1-6.

高洁, 文雅, 熊善柏, 等, 2015. 中国米食文化概述 [J]. 中国稻米, 21 (1): 6-11.

郭晔旻, 孟凡萌, 唐志远, 2019. 安特生在中国: 从开矿专家到考古学家 [J]. 博物 (12): 68-75.

哈罗德·马基, 2013. 食物与厨艺, 蔬·果·香料·谷物 [M]. 蔡成志, 译. 北京: 北京美术摄影出版社.

胡时开, 胡培松, 2021. 功能稻米研究现状与展望 [J]. 中国水稻科学, 35 (4): 311-325.

黄剑华, 2016. 中国稻作文化的起源探析 [J]. 地方文化研究 (4): 40-57.

黄其煦, 1986. 关于仰韶遗址出土的稻谷 [J]. 史前研究 (Z1): 88-89, 203.

李芳森, (2021-10-17) [2021-10-17]. 1 603.9 公斤! 杂交水稻双季亩产再创纪录 [EB/OL]. 人民网 . http://hn.people.com.cn/n2/2021/1017/c336521-34960258.html.

林海, 王志刚, 鄂志国, 等, 2015. 稻文化的再思考 (9): 古今科技: 水稻品种: 从农家种到矮秆稻、杂交稻、超级稻 [J]. 中国稻米, 21 (1): 40-44.

刘贵富, 陈明江, 李明, 等, 2018. 水稻育种行业创新进展 [J]. 植物遗传资源学报, 19 (3): 416-429.

闵超, 陶慧敏, 朱克明, 2016. 水稻种子相关性状的研究进展 [J]. 种子, 35 (4): 51-56.

沈希宏, 2020. 品味稻米 [J]. 中国稻米, 26 (1): 102-104.

沈希宏，2021. 籼与粳的历史传奇［J］. 中国稻米，27（4）：122-126, 132.

石睿鹏，（2020-12-19）［2020-12-19］. 柳州袋装螺蛳粉产销收入超百亿元［EB/OL］. 中国日报网 . http://henan.china.com.cn/finance/2020/12/19/content_41399311.htm.

孙义伟，1987. 本世纪前五十年我国水稻育种的产生和发展［J］. 中国农史（3）：45-49.

王哲，2013. 广西米粉制作工艺考察及文化流变研究［D］. 南宁：广西民族大学.

吴耀利，1994. 黄河流域新石器时代的稻作农业［J］. 农业考古（1）：78-84.

游修龄，1995. 中国稻作史［M］. 北京：中国农业出版社.

游修龄，曾雄生，2010.《中国稻作文化史》导言［J］. 中国农史，29（3）：140-144.

曾雄生，2018. 中国稻史研究［M］. 北京：中国农业出版社.

曾雄生，2021. 稻米：一百年，一千年，一万年［J］. 中国稻米，27（4）：127-132.

张丰，张振明，杨德红，等，2020. 追昔抚今话 VB_1：脚气病的克星［J］. 大学化学，35（11）：110-114.

张晓松，朱基钗，鞠鹏，等，2021-04-27［2021-04-27］. 习近平：希望民营企业放心大胆发展［N/OL］. 新华社 . https://m.weibo.cn/1699432410/4630525693658367.

赵志军，2019. 中国农业起源概述［J］. 遗产与保护研究，4（1）：1-7.

郑云飞，2021. 中国考古改变稻作起源和中华文明认知［J］. 中国稻米，27（4）：12-16.

中村新太郎，1980. 日中两千年人物往来与文化交流［M］. 张柏霞，译 . 长春：吉林人民出版社.

周乾，2021-04-02［2021-04-02］. 康熙：不仅是君王还是高产水稻培育专家［N/OL］. 科技日报（8）. http://digitalpaper.stdaily.com/http_www.kjrb.com/kjrb/html/2021-04-02/content_465339.htm?div=0.

邹碛韬，（2021-05-23）［2021-05-23］. "美国 60 % 以上种的都是中国杂交水稻"［EB/OL］. https://www.thepaper.cn/newsDetail_forward_12806014.

第二章

玉米
——论王者的荣耀

学名¨ *Zea mays* L.

英文名¨ Maize

植物学分类¨ 禾本科玉蜀黍属

玉米，顾名思义就是它们的种子是像玉一样的米粒。玉米在我国又称玉蜀黍、包谷、珍珠米、棒子。玉米是世界总产量最高的粮食作物，耐旱、耐瘠、产量高，应用广泛，是名副其实的"高产之王""美食之王""饲料之王""材料之王""能源之王"。不，是王中之王，比王还要多一点儿。

从"胳肢窝"长出的高产粮食

在哥伦布发现新大陆（1492 年）后，一种来自南美洲的神奇作物——玉米，征服了全世界，在此后的数百年时间里一跃发展成为全球总产量最高的粮食作物。玉米这一神奇作物到底有着怎样的秘密？

与水稻、小麦等作物相比，玉米植株高大，茎秆粗壮，一般 2 米以上，高的可达 4 米，属于高秆作物类型，一年生，适于旱地种植。

小麦、水稻等作物的花是雌雄同花，同一朵小花里有雄蕊也有雌蕊，属自花授粉作物。玉米是典型的单性花，雌花和雄花同株异位，雄花序着生于植株顶端，雌花序位于中部叶腋处，雌花小穗在穗轴上成对整齐排列。所以也可以说，玉米是从"胳肢窝"长出的粮食作物。雌花序的外面密实地包着几层苞叶（玉米皮），把真身谦卑地隐藏起来，只有每朵花的细长花柱（玉米须）从苞叶的顶端缺口探出、四散开来，准备承接从雄花飞来的花粉。玉米的这种习性为科学家开展玉米杂交育种研究提供了极大的方便。

玉米的根也很特别，整体为须根系，除胡子状胚根外，还从茎节上长出节根；一般地下 4～5 层、地上 2～3 层。地上茎节长出的节根又称支持根、气生根。这些根像章鱼腿一般牢牢抓住地面，支撑着玉米高大的植株。

玉米是谷类作物中的高产之王，在正常栽培条件下，玉米籽粒单产要比水稻高 20％，比小麦高 30％以上。其生物学产量甚至高出 50％。玉米高产是由它的叶子构造和光合作用的特性决定的。玉米是典型的 C_4 植物，具有更强的光合作用能力和更强大的抗干旱能力。科学家正设法将玉米这种 C_4 植物的特性，引入水稻、小麦等 C_3 植物中去，育成更高产的水稻、小麦品种。

正因为玉米有比水稻和小麦更耐热、耐旱、耐瘠薄又高产的特性，因而在人类历史上数次扮演了救荒作物的角色。在科幻大片《星际穿越》中，玉米甚至还被塑造成了"末日谷物"，成为地球生态环境恶化之后人类赖以生存的仅剩的粮食作物。

身世成谜的天外来物

面对这一颠覆人类认知的神来之物，人们一度迷惘，因此也有一个传言：玉米是来自宇宙外的种子。

从进化论的观点看，任何一种作物都是从野生植物驯化而来的，但在探究玉米进化起源的问题上却出现了困难，人们很难找到果实颗粒分排密布在玉米轴上的野生品种。人们曾怀疑过一种叫类蜀黍（大刍草）的植物可能是玉米的祖先，然而类蜀黍在外观上就与玉米不同，类蜀黍的穗着生在枝干上。而且，就算把类蜀黍假定为玉米的祖先，类蜀黍也没有近缘的植物。

也有人说玉米是禾本科植物，但玉米与一般的禾本科植物又不相同。水稻、小麦等许多禾本科植物都是雌雄同花，在植株的顶部结实。而玉米植株的顶部只是雄花，在茎的中部开的才是雌花，这一特点显然与禾本科植物的植株特点迥异。此外禾本科植物基部有许多分蘖，而玉米几乎没有分蘖。

玉米还有一点令人不可思议。植物为了传播种子，会使用各式各样的手段。比如，蒲公英会利用绒球让种子飞走，苍耳会将种子附着在人或动物的身体上。但是，玉米却将必须传播的种子用表皮包裹起来。被表皮包裹的种子不会掉落，就算是把表皮剥开露出黄色的玉米粒，这些种子也不会掉落。如果种子不掉落，植物就不能传宗接代了。然而几个世纪以后，玉米种子却依靠人类传遍了全世界。难道玉米与人类的缘分是一种天意？

正因为栽培玉米和现有的野生近缘种形态差距实在太大，它的"出身"一直就是学者争论的焦点。近两个世纪，众多的科学家从形态学、细胞学、考古学、分子生物学等角度对玉米祖先及其进化进行了不懈探究，提出了许多玉米起源的理论假说。其中一些学者认为，尽管类蜀黍和玉米差异很大，但终归是和玉米最近缘的野生植物，玉米只能由它驯化而成，是类蜀黍在进化过程中基因突变的产物，这些学者组成了"单祖派"；另一些学者却怀疑类蜀黍不可能单独变成玉米，应该是和摩擦草属植物发生杂交之后，才演化出类蜀黍和玉米（玉蜀黍）这对兄弟，这些学者属于"杂交派"。这就是玉米起源研究史上最著名的"单祖派""杂交派"之争。但不管怎么争论，类蜀黍是和玉米最近缘的野生植物，在这一点上学界达成了共识。

为了模拟 1.4 万年前人类刚开始种植类蜀黍时的环境，科学家将现代类蜀黍置于温室内培养，确保室内二氧化碳含量比室外二氧化碳含量少 40%～50%，并将温度控制在 20.1～22.5 ℃。种植结果显示，类蜀黍生长得更矮，且所有的雌穗都生长在主干上，而非枝干上，这倒与现代玉米很相像。

人类栽培玉米的历史已经可以追溯到数千至上万年，但是玉米起源至今还是个谜。有学者打趣说玉米是"没有出生证明就拿到了护照"。目前，植物分类学家将其档案归类于禾本科玉蜀黍属。

玉米味的美洲早期文明

玉米来自美洲这是肯定的，但是起源地是哪里？21 世纪以来考古学的最新发现，以及先进测定技术的应用，为确定玉米起源地提供了大量令人信服的证据。在美洲大陆星罗棋布的古代遗址里，古代印第安人种植的大量玉米的果穗、穗轴、苞叶、雄穗和秸秆等，几乎都完好无损地保留下来。在墨西哥普埃布拉州科克斯卡特兰洞发掘出的玉米穗轴，碳十四测定距今 7 000 年；在美国新墨西哥州蝙蝠洞挖掘出的玉米穗轴，距今 5 600 年；在秘鲁中部墓穴中发掘的玉米穗轴，距今

5 000 年。这就把玉米的最早被驯化的地区缩小到从美国南部经墨西哥直至秘鲁、智利沿安第斯山的狭长地区。

在墨西哥、秘鲁和智利等地古墓出土的文物，以及古代众多的建筑物上都发现保留有古代印第安人遗留下来的玉米印迹。在印第安人的心目中，玉米是一种庄严的形象，在他们创世纪的神话传说中，诸神在用泥土和木头造人失败后，最终用玉米造就了人。人们崇敬地把玉米植株和果穗的图像绘画在庙宇上，塑造在神像上，编织在衣物上，镶嵌在陶器上。很多印第安部落都以玉米命名，称为"玉米族"或"青玉米族"，并以此尊称自己的酋长。部族之间发生战争时，焙干的玉米粉和玉米粒盛装在有腰带的革囊中，是他们远征的主要给养。所以玉米收成的丰歉常常是决定战争胜负的一个因素。在印第安人的每年六个重要的作物宗教祭典中，玉米祭是极其隆重的一个。每年玉米收获季节，印第安人都会虔诚膜拜，放歌起舞，用硕大饱满的玉米果穗祭祀玉米神，所以印第安人部族的繁荣昌盛是和种植玉米息息相关的。在墨西哥尤卡坦半岛，曾经产生的光辉灿烂、昌盛一时的玛雅文化（公元前 800 年至公元 1500 年），从某种意义上又被称为"玉米文化"。秘鲁这个词的印第安语意思就是"玉米之仓"。有悠久历史的阿兹特克人、玛雅人、印加人，都有种植玉米技艺精湛和辉煌成就。如今在墨西哥，众多的古迹和建筑物上的雕塑，都体现着当地对古代印第安人的怀念和对他们选择培育玉米的骄傲。直至今天，美洲大陆的人们还骄傲地把玉米称为"皇冠上的珍珠"。

美洲大陆在欧洲人引入小麦之前，玉米是当地唯一的谷类作物。原住民在长期的玉米种植加工过程中，形成了独特的栽培方式和食用方法。他们把玉米与扁豆、南瓜同时播在同一块地里，玉米高大的植株成为扁豆攀爬的支柱，扁豆是养地作物，其根瘤菌可以固定空气中的氮，南瓜在地面上生长，其宽大的叶片可以抑制杂草生长，还能防止土壤干燥。玉米、扁豆、南瓜成了离不开的"三姐妹"。玛雅人和阿兹特克族人还创造了用草木灰或石灰水煮玉米粒的加工方法，碱水煮玉米粒，去皮容易，捣烂揉成面团后有黏性，包上各种料理后不散，然后煎烤成各式玉米饼。玉米饼是墨西哥人最常见的主食。

著名的民族学家摩尔根在《古代社会》一书中指出："玉蜀黍因为它繁殖于丘陵之上，这是便于直接栽培的。因为它不拘在未熟或已熟的时候都可以供作食用，因为它产量高而且富于滋养，所以它在促进初期人类进步的力量上，比其他所有的一切谷物的总和还要强大。"

1492 年哥伦布发现新大陆后在古巴发现玉米，1494 年把玉米带回西班牙。随着世界航海业的发展，玉米逐渐传到了世界各地，并成为最重要的粮食和饲料作物之一。

初到中国，很疯狂

玉米在 16 世纪初传入中国。这位美洲来客跨进神州大地之后，立即以它顽强的适应能力和备荒救饥的食用品质迅速在南北各地安家落户。清代乾隆、嘉庆年间，玉米得到广泛传播。道光年间，玉米已发展到与五谷并列的地位（包世臣《齐民四术》），而且在广大丘陵山地后来居上，成为"恃以为终岁之粮"的主要粮食作物了。

在四川、陕西、甘肃、湖北的丘陵山区，移民伐木垦荒种植玉米，或以玉米取代比较低产的糜、粟、穄子等作物。据乾隆三十年（1765年）《辰州府志》记述，包谷"既种，二三年则弃地而别垦，以垦熟者硗瘠故也。弃之数年，地力既复，则重垦之。"嘉庆六年（1801年），张鉴著《雷塘庵主弟子记》记述："浙江各山邑，旧有外省游民，搭棚开垦，种植苞芦、靛青、番薯诸物，以致流民日聚，棚厂满山相望。"道光七年（1827年）贵州《平安府志》记述："包粟，又名珍珠粟。蒸食可充饥，亦可为饼饵。土人于山上种之，获利甚丰。"湖北《鹤峰州志》记述，道光年间"邑产包谷，十居其八""山农无它粮，惟藉此糊口"。贵州《遵义府志》记述："包谷杂粮，则山头地角，无处无之""民间赖此者十之七"。河南《嵩县志》记述："玉麦，盘根极深，西南山陡绝之地最宜。"江西《玉山县志》记述："大抵山之阳宜包粟，山之阴宜番薯。"丘陵旱地不宜种稻，糜、黍产量又低，而玉米则"种一收千，其利甚大"。在不太长的时间内，长江流域以南长期闲置不宜种稻的山丘坡地，西南地区"靠天吃饭"丘陵旱地，以及黄河以北广大地区的山坡荒原，都被垦殖扩种玉米。

现如今，我国已经上升到全球玉米生产消费第二大国。我国幅员辽阔，玉米种植形式多样，东北、华北北部有春玉米，黄淮海有夏玉米，长江流域有春夏秋玉米，在海南及广西可以播种冬玉米（海南因而成为我国重要的南繁基地）。众所周知，杂种优势是生物界的普遍现象，玉米则是世界上利用杂种优势最早也最为彻底的作物之一，目前，世界上的绝大多数玉米品种都是杂交玉米。我国也是最早利用玉米杂交种的国家之一。1949年12月，玉米育种家吴绍骙先生作为特邀代表在"全国农业会议"上作了"利用杂交优势增进玉米产量"的发言，

玉米

Zea mays L.

提出发展玉米生产和品种选育的当前和长远策略。他的建议很快被农业部（现农业农村部）《全国玉米改良计划（草案）》吸收采纳。随着高产、抗逆的优良玉米杂交种不断推广，玉米已成为我国种植面积最大和总产最高的粮食作物。

目前，玉米最大的用途是作为牲畜的饲料，饲料消费占消费总量的 70 % 左右。100 千克玉米的饲用价值相当于 135 千克燕麦，120 千克高粱或 150 千克籼米。以玉米为主要成分的饲料，每 2～3 千克即可换回 1 千克肉食，因此联合国粮食及农业组织（Food and Agriculture Organization of the United Nations，FAO）将人均玉米占有量作为衡量畜牧业发展和国民生活水平的重要指标。玉米的另一重要用途是作为工业原料，人们直接食用玉米消费已不到 5 %。

从饱腹之物到美味佳品

玉米籽粒中含有丰富的营养，有人做了比较：玉米蛋白质含量虽低于面粉和小米，但略高于大米；脂肪含量高于面粉、大米和小米；热量高于面粉、大米及高粱。除了含有碳水化合物、蛋白质、脂肪、矿物质，玉米中还含有异麦芽低聚糖、核黄素、维生素等多种营养物质。这些物质对维持人体营养状况、保证身体健康具有重要的作用。在"玉米的故乡"墨西哥，"国菜"玉米饼的年消耗量达到 1 200 万吨之多，人们无论贫富贵贱都非常喜欢食用；在发达国家和地区，玉米被看成是粗粮，有很好的减肥效果，加工成各种膨化食品、方便食品，既方便食用又有助于消化吸收；在某些贫困国家和地区，玉米依然是人们廉价的果腹之物。但玉米和大米一样，属于高热量、低蛋白食物，在以玉米、大米为主食的地区，人们的饮食需要搭配豆类或肉奶蛋，以补充蛋白质的不足。

玉米是极易产生变异的作物，按籽粒形态和胚乳质地，分为硬粒、爆裂、糯质、甜质、粉质等多种类型。还有专门用来生产食用油的高油玉米，籽粒含油量比普通玉米高 50％以上。玉米油中含有较多的不饱和脂肪酸，其中亚油酸含量约占 62％，在国际市场上玉米油属于高档食用油。再比如爆裂玉米，籽粒角质胚乳结构特别致密，籽粒中含有一定量的水分，当玉米粒加热到 170～185 ℃时，籽粒内的水分汽化，形成足够大的压力，突破角质胚乳的极限承受力，便爆成玉米花，一般家庭中用铁锅、微波炉均可爆出香喷喷的玉米花。

我们大多数人都喜欢吃鲜嫩的甜糯玉米。甜玉米是玉米基因突变的一个变种，含糖量 10％～25％，比普通玉米高 2～3 倍。它的用途和食用方法类似蔬菜，蒸煮后直接食用。西方人喜欢抹上黄油后食用，味道特别鲜美。但是甜玉米有一个怪脾气，就是不稳定，所含的水溶性多糖很容易转化成淀粉，因此，甜玉米采收、加工、运输、销售都要快，全部过程不能超过 24 小时。我们从市场上买回来的甜玉米，千万不可常温久存，要及时蒸煮，及时吃掉。

市场上还有一种糯玉米特别适合鲜食嫩穗，它起源于中国，是玉米在 16 世纪传入中国后发生基因突变而形成的一种类型。糯玉米胚乳中的淀粉几乎全部是支链淀粉，籽粒不透明，无光泽，用小刀切开的剖面呈蜡质状，所以又称为蜡质玉米。鲜嫩的糯玉米煮熟后很软，有黏性，口感细腻，有时略带甜味，营养丰富，深受老年人和儿童喜爱，比甜玉米更适合中国人和其他亚洲人的饮食口味。目前，我国甜糯鲜食玉米种植面积已经上升到世界第一。

"跳跃基因"问世：一场 30 余年的独自等待

我们经常看到有的玉米棒是黄灿灿的，有的却像个大花脸，中间夹杂着紫色、白色的玉米粒，这是怎么一回事呢？

科学家经过研究发现，这是玉米的天性使然。玉米基因中有很多非常活跃的"转座子"，它们就像一支随心所欲的"小画笔"，能够从染色体上的一个位置跳到另一个位置，甚至从一条染色体跳跃到另一条染色体，跳到哪个基因上，就会抹去那里本来的"颜色"。因此，导致籽粒颜色变化有一部分是转座子运动产生的——这就是近代遗传学发展史上与"DNA 双螺旋结构"比肩齐名的另一重要发现：跳跃基因。

科学评价说，20 世纪的遗传学里面没有 26 个英文字母，只有一个字母那就是 M。M 代表了遗传学的奠基人孟德尔（Mendal，1822—1884 年），遗传学的开拓者摩尔根（Morgan，1866—1945 年），还有就是遗传学的集大成者芭芭拉·麦克林托克（McClintock，1902—1992 年）——"跳跃基因"的发现者。

跳跃基因在学术界崭露头角绝非"横空出世""惊艳亮相"，相反，这一成果的面世历经质疑、冷眼和嘲弄。在长达 30 多年的漫长岁月里，芭芭拉·麦克林托克都在坎坷中踽踽独行，在时代的黎明姗姗来迟之前独自等待，秉烛照亮这一块科学真理的处女地。

1902 年出生的麦克林托克，是美国著名植物学家、遗传免疫学家，1927 年在康奈尔大学农学院获得植物学博士学位后，终生从事玉米细胞遗传学方面的研究。

善于独立思考，凡事执着坚韧，令她显得与众不同，当其他的学生都在按部就班地接受老师和课本上的现成知识的时候，麦克林托克却请求老师让她自己去寻找答案。对于科学工作者来说，探寻谜底并收获真相的一刻至关重要："那真是一种巨大的快乐，整个寻找答案的过程都充满了快乐。"

这种快乐，激励着麦克林托克一生在遗传学领域中奋力奔跑。在康奈尔大学任教期间，她常常穿着缝着小布口袋的衣服穿梭在玉米地间，细细观察幼苗、籽粒上的斑斑点点，并在显微镜下检查其染色体的行为。而玉米对她最大的回报，就是向她倾诉有关基因和染色体的秘密。

1936 年，她提出"跳跃基因"的概念后，又花了 6 年时间才完全弄清楚跳跃基因的调控系统。而后通过 1950 年发表的《玉米易突变位点的由来与行为》和 1951 年发表的《染色体结构和基因表达》2 篇论文，向科学界介绍了自己的研究。

然而，这个在学术界一路顺风顺水、受人敬仰的女性科学家，在彼时却没有收获到任何鲜花和掌声，冷嘲热讽与谩骂纷至沓来。

按照传统观念，基因在染色体上是固定不变的，它们有一定的位置、距离和顺序，它们只可以通过交换重组改变自己的相对位置，通过突变改变自己的相对性质——"跳来跳去"的基因与已有研究显然背道而驰。

人情淡漠的日子里，周围的朋友也与她渐行渐远，她不得已离群索居，却从未放弃，苦心孤诣继续坚守着玉米遗传学的科研。

真理不会缺席，随着分子生物学和分子遗传学的进一步发展，科学家们在细菌、真菌，乃至其他高等动植物中都逐渐发现了许多与麦克林托克"跳跃基因"相同或相似的现象。这迫使人们不得不回头重新审视麦克林托克的研究成果，这才惊讶地发现这位沉默的先驱者超前的科学发现和过人的毅力。

1976 年，在美国冷泉港实验室召开的"DNA 插入因子、质粒和游离基因"专题讨论会上，科学界明确承认可用麦克林托克的术语"跳跃基因"来说明所有能够插入基因组的 DNA 片段。

1983 年，瑞典皇家科学院诺贝尔奖奖金评定委员会把该年度的生理学或医学奖授予这位已是 81 岁高龄的科学家。

一片迟到的盛赞此时才热烈响起："她整整让科学界追了她 35 年！"

终身未婚，从一路高走到饱受冷眼，麦克林托克从不曾为名利所累、不曾为私心所扰。任何时代，科学成就都离不开精神支撑，对真理纯粹的好奇与求实的探知，正是这位"玉米夫人"潜心治学、敢为人先、创造学术奇迹的强大内核。晚年，在镁光灯的聚焦之下，她依然平和、淡然而坚定："倘若你认为自己迈开的步伐是正确的，并且已经掌握了专门的知识，那么，任何人都阻挠不了你。不必理会人们的非难和品头论足。"

"跳跃基因"也对现代遗传学的发展产生了深远影响。现代研究表明，转座子在生命体中广泛存在，但玉米中的转座子最多，占到 DNA 分子的 50 % 以上。这些具有转座能力的遗传因子，能够引发玉米基因组重排，使玉米品种遗传多样性增加。转座子改变的不仅是玉米籽粒颜色，还有株高、抗性、产量等几乎所有性状。

转座子的跳跃性，极大地丰富了玉米的突变体，我国科研人员据此建成了面向全球开放的大型玉米基因突变体库，与美国的同质基因库相比，覆盖面更广，可供研究的性状也更多，对未来的玉米种质优化和新品种创制产生深远的影响，未来我们将见到更多有趣、吃到更多好吃的花色玉米品种。

向白色污染宣战

玉米不仅能吃，还能制成各种物品，进入人们的生活。

20世纪以来，塑料已逐渐成为一种广泛应用于各个领域的材料，成为现代生活中不可缺少的一部分。大到建筑材料，小到钢笔等文具，塑料制品可谓无处不在。但是传统塑料都是石化产品，它的主要成分是聚乙烯，在自然状态几乎无法降解，需要花上数百年到上千年的时间才能分解，塑料造成的"白色污染"已成为全世界关注的一大公害。

进入21世纪，一种以生物淀粉为主要原料生产的新型塑料（聚乳酸PLA）被开发出来，并逐步取代传统塑料进入百姓生活。这种新型塑料有良好的生物可降解性、可再生性，使用后能被自然界中微生物完全降解，变成二氧化碳和水；而在阳光下，农业生产通过光合作用又会合成起始原料淀粉。这是一个可以完全循环的过程，人们对此寄予了无穷的期望。由于这种新型塑料主要以玉米为代表的生物淀粉为原料，因此常被称为"玉米塑料"，被视作是继金属材料、无机材料、高分子有机材料之后的"第四类新材料"。

"玉米塑料"最早应用于生物医药领域。聚乳酸对人体有高度安全性并可被组织吸收，加之其优良的物理机械性能，可用作一次性输液工具、免拆型手术缝合线、药物缓解胶囊、人造骨折内固定材料、组织修复材料、人造皮肤等。聚乳酸具有优良的可纺性，其纤维制品具有安全、透气、吸湿、阻燃、抗紫外线性稳定等优点，因此已被广泛应用于服装市场、家用及装饰市场。当然更多的聚乳酸塑料将被作为包装材料，如食品餐盒、垃圾袋、购物袋，或进入农业生产制作农用薄膜、苗木容器。

我们相信，随着聚乳酸取代普通塑料技术的日趋成熟和成本的不断下降，玉米等生物淀粉必将助力人类告别"白色污染"。

参考文献

段融, 2014-02-12 [2014-02-12]. 科学家揭开玉米身世之谜 [N/OL]. 中国科学报 (2). https://blog.sciencenet.cn/blog-1208826-766786.html.

酒井伸雄, 2018. 改变近代文明的六种作物 [M]. 张蕊, 译. 重庆: 重庆大学出版社.

穆祥桐, 2011-07-28 [2011-07-28]. 玉米传入中国的历史 [N/OL]. 农民日报 (6). https://szb.farmer.com.cn/2011/20110728/20110728_006/20110728_006_1.htm.

仇焕广, 李新海, 余嘉玲, 2021. 中国玉米产业: 发展趋势与政策建议 [J]. 农业经济问题 (7): 4-16.

任本命, 2003. 芭芭拉·麦克林托克 [J]. 遗传 (4): 371-372.

唐祈林, 荣廷昭, 2007. 玉米的起源与演化 [J]. 玉米科学 (4): 1-5.

佟屏亚, 1986. 玉米的起源、传播和分布 [J]. 农业考古 (1): 271-280.

佟屏亚, 2014. 玉米高产是一个永恒的命题 [J]. 中国种业 (7): 7-9.

佟毅, 2019. 新型生物基材料聚乳酸产业发展现状与趋势 [J]. 中国粮食经济 (8): 49-53.

汪黎明, 孟昭东, 齐世军, 2020. 中国玉米遗传育种 [M]. 上海: 上海科学技术出版社.

辛本春, 毕华林, 2007. 玉米塑料: 第四类化学新材料 [J]. 化学教育 (8): 4-5, 16.

徐丽, 赵久然, 卢柏山, 等, 2020. 我国鲜食玉米种业现状及发展趋势 [J]. 中国种业 (10): 14-18.

余艾柯, 2014-06-06 [2014-06-06]. 芭芭拉·麦克林托克: 为 "跳跃基因" 孤军奋战 [N/OL]. 中国科学报 (12). https://news.sciencenet.cn/htmlnews/2014/6/296033.shtm.

NGAPO T M, BILODEAU P, ARCAND Y, et al., 2021. Historical indigenous food preparation using produce of the three sisters intercropping system [J]. Foods, 10 (3): 524.

第三章

小麦

——天生的征服者

学名¨ *Triticum aestivum* L.

英文名¨ Wheat

植物学分类¨ 禾本科小麦属

小麦，世界上分布范围最广、种植面积最大、总贸易量最多的粮食作物，全球 1/3 的口粮。可以毫不夸张地说，我们每天都生活在一个由这位叫"小麦"的神奇魔术师一手创造的纷繁世界里。面条、馒头、包子、饺子、花卷、煎饼……花式繁多的中式面点仿佛怎么吃都吃不完，面包、蛋糕、饼干、比萨、汉堡……异彩纷呈的西式面点似乎也是一眼望不到尽头，更有近年来势头强劲的辣条，俘获亿万中外年轻粉丝，一跃成了零食界的顶级"网红"。小麦，千变万化而又无所不在，是当之无愧的"世界粮食"。

事实上，我们常说的小麦只是小麦属植物中栽培最广、产量最高的普通小麦（*Triticum aestivum* L.）的简称，虽然名字自带"普通"，但实际上却一点不普通，甚至是相当的重要，不仅日常保障你不饿肚子，更是在诞生之初就背负起了孕育人类文明的崇高使命。

一粒小麦，点亮文明

不同于土生土长的水稻，小麦是个地地道道的"西方来客"，起源于西亚的新月沃地（Fertile Crescent），这个地带包括现今的以色列、巴勒斯坦、黎巴嫩、约旦、叙利亚、伊拉克东北部和土耳其东南部。普通小麦的野生祖先之一，是只有两套染色体（所谓"二倍体"）的乌拉尔图小麦（*Triticum urartu* Thumanjan ex Gandilyan）。最早在大约 46 万年前，乌拉尔图小麦与山羊草属中的拟山羊草（*Aegilops speltoides* Tausch）发生天然杂交，形成了大部分细胞有四套染色体（四倍体）的圆锥小麦（*Triticum turgidum* L.，也叫二粒小麦）。约 1.2 万年前，人类开始在新月沃地发展出了最早的农业，野生小麦成了人类首批驯化的作物之一。大约 8 000 年前，从外高加索到伊朗北部里海沿岸，栽培圆锥小麦再与山羊草属中的节节麦（*Aegilops tauschii* Coss.）发生天然杂交，就形成了大部分细胞有六套染色体（六倍体）的普通小麦。

正所谓长江后浪推前浪、青出于蓝而胜于蓝，在经历了如此"混乱漫长"的三次杂交之后横空出世的普通小麦，很快在内部竞争中获得了压倒性的胜利，几乎成了小麦家族的唯一"代言人"。如今，普通小麦的种植面积占到了世界小麦总面积的 90 % 以上；硬粒小麦（圆锥小麦的衍生品种）占到 6 %～7 %，它是制作意大利面的原料。如果让普通小麦接受采访，谈谈自己成功的秘诀，场面其实挺拉仇恨的。普通小麦会非常诚恳地告诉你，它生来就这样，也不知道怎么回事，其他小麦兄弟的身体素质就不如它，没它好种，所以成了"天选之麦"。

其实，这看似"讨厌"的言论蕴含着非常深刻的科学道理。普通小麦这种从二倍体变成四倍体、六倍体甚至更高倍性物种的"多倍体化"过程，是演化中极为常见的现象。那些对植物生存非常重要的基因通过这个过程可以形成大量拷贝，增强植物的抵抗力，或其中一部分通过演化形成新基因，为植物开辟新的生存空间。普通小麦正是凭借着"多倍体"的光环，相较其他小麦类型对环境有更强的忍耐性（特别是更耐寒），取而代之成了今天大家最耳熟能详的麦类作物。

普通小麦出现之后，如达尔文所描述的"很快就能呈现出新的生活习性"，与人类携手共赢，开疆拓土，孜孜不倦地滋养缔造了两河流域的美索不达米亚文明、尼罗河流域的古埃及文明、印度河流域的古印度文明，以及后来的古希腊和古罗马文明等诸多璀璨夺目的古代文明。

用小麦面粉为原料烘烤出的面包，革命性地赋予了小麦前所未有的强大生命力。至少在 6 000 年前，美索不达米亚与古埃及地区就已经广泛食用发酵面包。面包与橄榄油、葡萄酒一道被视作古罗马饮食最典型的"地中海三件套"，是大部分地中海沿岸居民的能量来源。即便那时精明的面包师已为面包设定了不同的级别，白面包是给有钱人吃的，全麦面包是大多数普通人吃的，最穷的人只能吃粗麸皮面包，但不管怎样，没有人能离开面包过活。在古罗马人眼中，小麦不仅是不可或缺的粮食，更是决定战局的关键利器，"罗马人的军事胜利，通常更多靠的是面包，而不是铁器"。新鲜小麦制成的面包让他们的军队兵强马壮、训练有素，同时通过掠夺粮仓，切断他国的小麦供给，制造饥饿，令对方不战而败。西西里岛、撒丁岛、北非、埃及、西班牙，古罗马军的铁蹄荡平之处悉数被他们改造出了无垠的麦田。虽然帝国的崩溃曾一度导致这些麦田消失，但没过多久它又很快收复失地，而面包不仅得以留存，并且从西亚到欧洲全境，逐渐成为食物的第一代名词，深深影响着整个西方文明的构建与发展。

充满艰辛坎坷的"小麦东游记"

努力上进的小麦当然没有就此停止前进的步伐，它踌躇满志地开启了一路向东的漫长旅程。考古研究发现，包括小麦在内的西亚作物进入中国存在三条可能的路径：北方草原路线、中纬度的丝绸之路及南方海洋路径。可以肯定的是，至少在距今 4 000 年前后，中国北方许多地区都出现了小麦。

就像唐僧师徒西天取经路上历经九九八十一难一样，小麦的东传之旅同样充满着艰辛坎坷，而其中最大的困难就是遭遇了严重的"水土不服"。小麦的西亚老家属于地中海气候，夏季炎热干燥，冬季温和多雨，而包括中国在内的东亚地区属于季风气候，降水季节与地中海气候相反，夏季炎热多雨，冬季寒冷干燥。

可以说，"探险家"小麦误入了一个与故土截然相反的"危险"世界，春季的干旱对它尤为致命，非常不利于小麦的拔节和灌浆。我们北方地区有"春雨贵如油"的说法，在完善的灌溉系统和技术还没有跟上的情况下，东亚地区实际上对于小麦的生长和种植是不大友好的。尽管如此，勇敢顽强的小麦并没有放弃，本着"先生存后发展"的原则，一度在祁连山地区将自己改造成了春天播种，即"春麦"。直到汉代以后统治者大力修建水利工程，改善了旱地的灌溉条件，再加上石磨技术的改良与普及，"西方来客"小麦逐渐反客为主。中唐以后，小麦就已经能与粟、黍这两种小米平起平坐了，并最终在宋元时期取代它们，成为中国北方餐桌的绝对霸主，就此形成了延续至今"南稻北麦"的农业生产格局。

值得一提的是，两宋之际，靖康之乱引发的北方人口大规模南迁，使得已经习惯吃面食的北方人口在南方地区骤然增多，小麦一时之间"奇货可居"。为了解决老百姓的口粮问题，南宋朝廷多次下诏劝民种麦，在朝野的共同推动下，稻麦两熟的耕作制度开始在江南地区盛行开来。南宋大诗人陆游笔下"处处稻分秧，家家麦上忙"描绘的正是江南四五月间农家刈麦种禾的忙碌场景。一季稻子，一季麦子，就这样流转千年，耕耘不辍，成为长江中下游地区的人们与土地最悠长缠绵的相处日常。

真的是先有米饭，才有面条

走在路上，经常可以听到街边饭馆吆喝"米饭面条都有都有"。你有没有想过到底是先有米饭，还是先有面条？其实这个说法还真的挺科学，我们现在吃到的麦粉面条实际上到了东汉时期才出现。在这之前，中国人套用了吃大米和小米的"粒食"习惯，也就是把粮食颗粒煮熟以后食用。要知道，人家小麦在老家都是被磨成粉来做面包的，初入这样一个饮食系统，就非常违和了，很长时期里被看作是口味不佳的"杂粮"。

《世说新语》（刘注引嵇康《高士传》）记载了这样一件趣事："侯设麦饭、葱菜，以观其意，丹推却曰：'以君侯能供美膳，故来相过，何谓如此！'乃出盛馔。"麦饭是以麦子为主料蒸煮的饭，显然不是"美膳"，被人嫌弃了。麦饭葱菜也成为生活俭朴的代称。

小麦真正开始发力是到汉代石磨技术与发酵技术的逐步改进和普及，越来越多的寻常百姓能够接触到小麦面粉了。面粉与水的相遇那叫一个电光石火，创造出无穷无尽的变化。大家才开始意识到，这个小麦不得了啊，小小一个面团功能竟然这么强大，不仅独具韧性，易于加工成不同形状，口感也更加多变。

"饼"这一概念的横空出世标志着小麦进军中华饮食界的号角正式吹响。不过，彼时的"饼"并不是我们现在所说的"饼"。根据东汉许慎《说文解字》中的解释："饼，麲餈也。从食，并声。"当时，凡是用麦粉做成的食品都统称为"饼"。按照烹饪方法的不同，分为汤饼、蒸饼、烧饼、煎饼、烙饼等。

其中，"汤饼"就是我们今天所说的面条。《世说新语》就有一则用汤饼来鉴定颜值的故事：曹魏时期的大臣何晏是个"白到发光"的美男子，魏明帝怀疑他脸上涂了粉，就在大夏天赐了一碗热气腾腾的汤饼给何晏吃，企图来一个现场"卸妆"。结果，何晏吃得满头大汗连忙用衣服擦脸，肤色却更加白里透红了，魏明帝这才相信何晏没有化妆，是绝对的"天生丽质"。到了宋代，面条拥有了沿用至今的名字。南宋的孟元老《东京梦华录》、吴自牧《梦粱录》和周密《武林旧事》等文献资料中记载的面条品种就多达三四十种。

擀、削、拨、抿、擦、压、搓、漏、拉……光是面条单个项目的制作工艺之多就已令人叹为观止。据统计，全国人民日常食用的面条就超过了一千两百种，而面条仅仅是偌大面食王国的一个重要分支。"全能型海外选手"小麦就这样彻底征服了热爱美食同时也极富想象力与创造

TIPS：

面条起源于中国，但是现存最古老的面条并不是用小麦做的，而是用小米做的。2002年，中国考古工作者在青海省民和县喇家遗址（属于新石器时代晚期的齐家文化）发现了距今3 900年前的面条，经过专家分析，这份面条主要由粟和少量的黍制作而成。1958年，日本人安藤百福发明了世界上第一款方便面"鸡汤拉面"。

力的中华先贤老饕，并从此之后一发不可收、蔚为大观。耀眼新世界的大门就此打开，丰富多样的面食写就了中华饮食文化最为辉煌灿烂的章节之一，也成了了解中国文化、国民精神的一个重要窗口。

告诉你，百变小麦的小秘密吧

小麦在谷物大家族里可塑性方面"一骑绝尘"的秘密，在于相较于其他谷物富含面筋蛋白——一种以麦谷蛋白和醇溶蛋白为主的复杂蛋白质混合体。麦谷蛋白遇水具有黏结性和弹性，醇溶蛋白遇水则能为面团提供延伸性。当面粉遇水后，蛋白质分子和水分子结合，会形成螺旋形长分子链，然后链与链之间又会链搭链、链扣链，形成一个网络，这个网络就是"面筋"。

小麦面粉中的蛋白质含量不同，面粉的"筋道"程度也不同，用途也各不相同。馒头、面条、包子等大部分传统中式面食点心都是用中筋面粉做出来的，一般市售无特别说明的面粉都可视作中筋面粉；面包等比较有韧劲儿的西式面点用的则是强筋面粉，蛋糕、饼干等松软酥脆的西点则是弱筋面粉。

随着经济发展与人民生活水平的提高，消费者对面粉高端化、细分化需求越来越多样，尤其是对优质强筋和优质弱筋小麦的需求在不断上升。目前我国在小麦供给总量充足的情况下，每年仍需从国外进口 400 万吨左右的优质小麦用于满足专业面粉的生产。

为此，近年来，我国小麦育种家们在保证持续提高产量的基础

小麦
Triticum aestivum L.

上，自主培育出了一系列强筋、弱筋、中强筋及中筋优质专用型小麦品种。其中，宁麦9号是我国首个品质稳定的优质专用弱筋小麦品种，填补国内优质丰产弱筋小麦空白，并以其为核心亲本育成了宁麦13等系列弱筋小麦新品种，开创了我国弱筋小麦育种新世代。强筋小麦种植面积和产量占优质小麦的90％，是优质小麦发展的重点。2019年，我国首次发布了新麦26、济麦44、师栾02-1和济麦229超强筋小麦品种，品质指标和加工指标足以媲美国际优质强筋小麦。相信在不久的将来，不管是一口酥脆掉渣还是Q弹有嚼劲，优秀到足以"面面俱到"的中国小麦，一定会令爱吃面的你吃得更香、更满足、更有面子。

> **TIPS:**
> 网红零食辣条起源于湖南省平江县的传统小吃麻辣豆筋、麻辣酱干，因1998年特大洪水导致平江县大豆减产后改用面粉为主要原料，配以食用油与各种辛香料制成。

中国碗里的那些令人骄傲的中国麦

4 000年，沧海桑田，风雨苍黄，默默见证着中华民族兴衰荣辱的小麦，早已把自己生命的全部意义融入了这片如此欣赏与厚爱它的土地，这里曾是他乡，这里亦是故乡。小麦深知如同做人一般，只有自己不断变得更优秀、更强大，才有可能实现人们心中那个国强民富的梦想，而这一切必须依靠科技的力量。

一代人有一代人的使命，20 世纪初以来，为了培育出更好的中国小麦品种，中国农业科学家矢志不渝、砥砺前行。新中国成立前，中央大学农学院与金陵大学农学院在小麦品种改良、性状遗传与栽培技术等方面做出了开拓性的贡献。1932 年，中央农业实验所与中央大学、金陵大学联合出资，从英国专家潘希维尔氏（John Percival）购买了1 700 份世界小麦品种。这是我国首次有计划、大规模收集国外资源。

新中国成立后，小麦育种工作快速发展，成绩卓越，涌现出了一批高产、优质、地域适应性强的小麦良种。著名小麦育种家赵洪璋先生主持育成的碧蚂 1 号是我国早期育种中通过中外品种间杂交创造小麦新品种最成功的范例，也是我国有史以来适应性最广、种植面积最大的作物品种。碧蚂 1 号在 1959 年种植达 9 000 多万亩，创造了我国乃至世界上一个小麦品种年种植面积的最高纪录。毛泽东主席曾称赞他："一个小麦品种挽救了大半个新中国"。

被誉为"小麦远缘杂交之父"的李振声院士潜心钻研 20 年攻克了远缘杂交不亲和、杂种不育、杂种后代疯狂分离三大遗传难题，成功将普通小麦与"远房亲戚"长穗偃麦草进行远缘杂交，在 20 世纪80 年代育成了高产、抗病、优质的新品种小偃 6 号。小偃 6 号在陕西、山西、河南、山东、河北等地累计推广面积达 1.5 亿亩，增产小麦40 亿千克，开创了小麦远缘杂交育种在生产上大面积推广的先例。由于小偃麦的抗病性强、产量高、品质好，深受老百姓喜爱，陕西农村曾流传着"要吃面，种小偃"的民谣。同时，小偃 6 号还是我国小麦育种重要的骨干亲本，继承了它优秀基因的衍生品种 50 多个。这些品种累计推广面积 3 亿亩以上，增产小麦已超过 75 亿千克。

从"吃得饱"到"吃得好",没有困难任务,只有勇敢的小麦!小麦与中国科学家一百多年来强强联手,攻坚克难,书写了一个个令世界惊艳的"金色传说"。今天,我国小麦生产品种全部为国产自育,中国碗里的每一粒小麦都是地地道道的中国麦。中国科学家们已先后成功实现偃麦草、簇毛麦、冰草、黑麦、鹅观草属与小麦的远缘杂交,并向小麦导入野生种有益基因;小麦 SNP 育种芯片、基因特异性标记的 KASP 高通量检测及分子模块育种技术,已在常规育种中得到广泛应用……这一个个小麦育种领域的巨大创新与突破,令每一位中国人感到骄傲,也早已令那个勇敢依旧的"探险家"小麦迫不及待要与中国科学家携手去迎接下一个挑战,共同"麦"入崭新的黄金时代。

参 考 文 献

菲利普·费尔南多-阿梅斯托,2020. 吃:食物如何改变我们人类和全球历史 [M].韩良忆,译.北京:中信出版社.

韩茂莉,2013. 论北方移民所携农业技术与中国古代经济重心南移 [J].中国史研究(4):117-138.

何中虎,庄巧生,程顺和,等,2018. 中国小麦产业发展与科技进步 [J].农学学报,8(1):99-106.

蒋赟,张丽丽,薛平,等,2021. 我国小麦产业发展情况及国际经验借鉴 [J].中国农业科技导报,23(7):1-10.

蕾切尔·劳丹,2020. 美食与文明:帝国塑造烹饪习俗的全球史 [M].杨宁,译.北京:民主与建设出版社.

李在磊,邸宁,吴小飞,(2016-06-16)[2016-06-16]. 辣条走红的秘密:"现在看是一个故事,在当时就是一个事故" [EB/OL].南方周末. http://www.infzm.com/contents/117754.

刘朴兵,2019. 简论中国古代的"饼" [J].南宁职业技术学院学报,24(2):1-4.

芦晓春,(2021-04-23)[2021-04-23]. 颗颗中国麦,粒粒香人间 [EB/OL].农民日报. https://mp.weixin.qq.com/s/cEOssibLe32wk72LKiSKLg.

罗晨,(2020-11-06)[2020-11-06]. 首家"辣条博物馆"长沙开馆 [EB/OL].中国食品报(1). http://www.foodscn.cn/jujiao/5625.

齐芳,(2007-02-28)[2007-02-28]. 李振声:小麦人生 [EB/OL]. https://www.gmw.cn/01gmrb/2007-02-28/content_559963.htm.

孙果忠,2021. 我国小麦种业发展现状及未来建议 [J].农业科技通讯(7):4-8.

王亚楠,（2019-09-09）[2019-09-09].我国首次发布超强筋小麦品种,四席山东有其二[EB/OL].大众网.http://sd.dzwww.com/sdnews/201909/t20190909_19155845.htm.

魏益民,2021.中国小麦的起源、传播及进化[J].麦类作物学报,41（3）:305-309.

约翰·沃伦,2019.餐桌植物简史:蔬果、谷物和香料的栽培与演变[M].陈莹婷,译.北京:商务印书馆.

张晴,（2018-05-15）[2018-05-15].[百年赵洪璋]赵洪璋院士简介[EB/OL].https://nxy.nwsuaf.edu.cn/xytz/xydt/388934.htm.

赵广才,王艳杰,2020.漫话农作物[M].北京:中国农业科学技术出版社.

赵志军,2015.小麦传入中国的研究:植物考古资料[J].南方文物（3）:44-52.

朱冠楠,曹幸穗,2019.杂交水稻和杂交小麦的选育（1960-2000 年）:面向国民经济主战场的新中国农业科技[J].中国科学院院刊,34（9）:1036-1045.

第四章

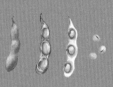

大豆

——奋「豆」出奇迹

学名：*Glycine max*（L.）Merr.

英文名：Soybean

植物学分类：豆科大豆属

大豆，珠圆玉润、玲珑小巧之物，是名副其实、当仁不让的金豆子、能豆子，因为它不仅是当今世界食用油与植物蛋白输送的主力担当，还是保障我们"吃肉自由"的幕后最大功臣。起源于中国的大豆，由于多为黄色，亦称黄豆，与黄皮肤、黄河水、黄土地一脉相承，是中华农业文明基因的瑰丽结晶，我们中国人可以当之无愧骄傲地称它为"国豆"。

5 000 多年的漫长岁月里，不管是发端久远的豆腐、酱油，还是后起新兴的豆油、豆粕，大豆总能在它生长的每一片土地上，保持开放广阔的胸襟与自我革新的勇气，与人类配合默契、梦幻联动，竭尽所能改变自己为人所用，上演了一段极富传奇色彩的东西方智慧交汇融合的创新佳话。时至今日，早已屹立于世界农业贸易金字塔顶端的大豆身后所背负的冲突与博弈、暗流与角力早已非它所能预料与掌控，但不管世界风云如何变幻，它仍是当初那个一片赤诚、无问西东为人类倾尽所有的大豆啊……

颠覆自我，成就自我

在正式展开大豆的传奇"豆生"之前，先做个小测验，你能快速准确地说清大豆、毛豆、黄豆的区别和联系吗？如果你一时之间也觉得有点蒙，那不妨让我们就从这 3 个关键词着手一起认识了解这枚了不起的小豆子吧！

除了我们日常熟悉的大豆，也就是栽培大豆［*Glycine max*（L.）Merr.］，大豆家族其实还大有"豆"在，那就是大豆长在野外的亲戚们，叫作野生大豆。不同于矮小直立的栽培大豆，野生大豆们仍然保持着自远古沿袭的藤本习性，茎秆纤细，身姿缠绕，与牵牛花一样，必须依附他物向上攀缘而生。野生大豆在中国分布广泛也很常见，虽然你可能不认识它，但是也许你们早已在田野乡间、海滨湖畔甚至城市的荒地或者疏于管理的公园里打过照面。别看野生大豆貌似平平无奇、跟"稀有"不沾边，但在我国可是位列国家重点保护野生植物名录的二级保护植物。这又是为什么呢？

这一切的源头还是要从栽培大豆的身世说起，原来野生大豆可不仅仅是它的亲戚这么简单，其中一种名为"一年生野生大豆"（*Glycine soja* Sieb. et Zucc.）其实就是栽培大豆的祖先！人类现在如此倚重的栽培大豆正是由一年生野生大豆驯化而来，中国是世界公认的大豆原产国，已经有 5 000 多年的栽培历史。中国先民们经过长期的培育和选择令野生大豆着实体会到了什么叫作脱胎换骨，不仅籽粒变得越来越大，从百粒重不足 3 克的"迷你豆"发展到 20 克以上的"大块头"，甚至连做"豆"的风格都发生了颠覆性的转变，从原先蔓生缠绕的"柔弱无骨"变成了直立挺拔的"钢铁硬汉"。就连达尔文都不禁感叹："很少见植物由于栽培而改变得如此之大，以致不能同它的野生原型视为同一的东西。"但所谓凡事都有两面，栽培大豆一方面朝着人类所期盼的方向成功进化，另一方面也必然会在这个过程中丢失某些东西，像是在当时看来一些并不重要的"基因"，其实可能能够抵抗某种疾病或者其他一些尚未被人类关注的性状。不过世事难料，说不准哪一天这些"遗失"的基因就会在关键时刻发挥作用，而这时候就需要那些未被人类驯服、保留天性的野生"亲友"们登场了。20 世纪 50 年代，一种名为"大豆胞囊线虫病"的病害曾使美国大豆生产遭遇灭顶之灾，而最终救美国大豆于水火的正是一种来自中国的野生大豆——"北京小黑豆"，美国科学家们在它身上找到了抗病基因并由此培育出了新的高产抗病品种，使大豆生产迅速复苏。

作为原产国，中国拥有着世界上最丰富的野生大豆资源，超过6 000 种，占世界上已知野生大豆品种的 90 %。得天独厚的野生大豆资源是我国作物种质资源的瑰宝，为我国大豆科研工作者开启大豆的全新"豆生"赋予了更多闪闪发光的可能。2021 年 10 月，习近平总书记考察黄河入海口时，来到正值大豆丰收的盐碱地，他弯下腰来摘了一个豆荚，剥出一粒大豆，放在口中细细咀嚼："豆子长得很好。"这里所种植的大豆正是当地农业科研人员利用黄河三角洲的野生大豆资源与栽培大豆杂交选育出的既耐盐碱又高产的新品系。据悉，我国有15 亿亩盐碱地，具有开发潜力的有 5.5 亿亩，以耐盐碱大豆为代表的耐盐碱作物种业创新正在为保障中国粮仓、中国饭碗提供着另一种充满可能的"解题思路"。

接下来，让我们把思绪从野外转回田间，年复一年，温顺驯服的栽培大豆长着豆科常有的羽状复叶，开着白紫色的蝶形花，花谢后结出豆荚。豆荚将熟未熟的时候，颜色嫩绿，表面有着细密而柔软的茸毛。人们习惯上将这些还"年轻"的豆荚称为毛豆。在炎热而又漫长的夏季，碧绿清爽的盐水煮毛豆是餐桌上的保留菜式，也是茶余饭后最受欢迎的零食。煮过的毛豆，细尝起来还真有丝丝的甜味。

如果毛豆不被采摘下来，再生长 1～2 个月，豆荚中的水分逐渐流失，毛豆变硬变黄，最后人工脱去外壳就成了黄豆。所以毛豆和黄豆其实相对应的是大豆不同生长时期的籽粒。毛豆是"年轻"时候连荚的黄豆，而黄豆就是"年老"以后去壳的毛豆。真正成熟的大豆种皮含有较多的纤维素和蜡质，非常坚硬，需要花很长时间才能煮熟。但对于"硬核"的大豆来说，这样的种皮恰可以增强种子对虫害及其他伤害的抵御能力，保证后代的生存概率。

值得一提的是，大豆并不只有黄色这一种颜色，还有青色、黑色、褐色等等颜色。目前黄色的大豆产量最高，在中国种植最多。我们常见的大豆种皮都是黄色的，所以习惯上把大豆又称为黄豆。

> **TIPS：**
>
> 大豆与一种叫作根瘤菌的真菌是一对互惠互利的"好伙伴"。根瘤菌会把空气中的氮气转换成养分输送给大豆，然后又从大豆的根部吸取一些必需的矿物质等，形成互惠互利的共生体。

被舍弃的"饭"到离不开的"肉"

汉代之前，中国古代将大豆称作"菽"或者"未"，商代甲骨文中就已经出现了菽的最初字形。"菽"可作为豆类的总称，也可专指大豆。世界各地对于大豆的叫法在读音上也大多与"菽"字相近，比如英文 Soy、法文 Soja、德文 Sojabohnen、俄文 Соя 等，基本都是对"菽"字读音的转化。

我们中国人经常会用"五谷"来泛指粮食，但究竟是哪五谷，未必搞得清，其实古人也同样说法不一。但无论是哪种说法，"菽"始终榜上有名，可见其地位尊荣。菽在周代就已非常普遍，我国最早的诗歌总集《诗经》中就有不少关于"菽"的诗句，如《豳风·七月》："七月烹葵及菽……黍稷重穋，禾麻菽麦。"春秋之后，特别从战国至秦汉时期，大豆一度被大规模种植，与粟一道跃升成为北方地区居民的主要粮食。不过当时的人们可不如我们有口福，烹调方式非常简单，就是直接水煮，真的是把大豆当饭吃。其中最有代表性的就是"豆饭藿羹"与"啜菽饮水"，所谓"豆饭藿羹"就是用豆子做的饭和大豆嫩叶煮的汤，"啜菽"指的是喝豆粥或者豆羹。稍微脑补一下也知道味道挺一般的。

在当时原始的生产条件下，大豆相比其他作物较为高产，即便在灾荒之年产量也较为稳定，是家家户户必备的救荒作物。另外，相较于其他以淀粉为主的口粮，大豆丰富的植物蛋白也满足了先民们对于蛋白质的营养需求。能填饱肚子，还富有营养，就这样，大豆意气风发地开启了主粮生涯，最巅峰时期曾经一度占到作物种植比例的40%。

然而，万万没想到的是，大豆风风火火的逐梦主粮圈之旅在汉代以后就戛然而止了，从风光无限到销声匿迹，这期间大豆到底经历了什么呢？主要原因是我们大中华主粮圈实在是太卷了。随着栽培技术与加工技术的进步，水稻与小麦两大巨头的强势崛起令大豆的产量优势不复存在。这种情况下，大豆在口味上的两大"短板"就更加给它减分了。首先，大豆身上自带一种豆科植物特有的味道，这种味道比较见仁见智，喜欢的会说就是这个豆味儿，不喜欢的会嫌弃一股豆腥味。这股特殊的气味主要来自大豆细胞破裂时，其中的脂肪氧合酶与本来被隔开的多价不饱和脂肪酸（亚油酸、亚麻酸）等物质接触，并被氧气与水激活，迅速发生氧化反应后产生的多种化合物。其次，众所周知，豆子吃多了一不小心就会胃胀气，不好消化，还会放很多屁……现代人偶尔都会有这样尴尬的瞬间，更别提把大豆当成饭吃的古人了。目前，大部分研究认为大豆低聚糖是导致胀气的重要因素。大豆低聚糖是大豆中一类可溶的糖类，主要成分是蔗糖（Sucrose）、棉子糖（Raffinose）、水苏糖（Stachyose）。其中，棉子糖和水苏糖属于低聚糖，人体并不具备分解它们的酶，因而不能被吸收和利用。未被消化的这两种低聚糖进入肠道后，会被其中的细菌分解，产生各种气体，最终让人们感觉到胀气。胀气最明显的表现就是放屁增多，也正因为如此，在西方国家，人们将大豆戏称为"音乐水果（Musical Fruit）"。

虽然主粮生涯遭受了沉重的打击，但也许真的是合了那句"塞翁失马，焉知非福"，大豆非但没有因此悲观沉沦、一蹶不振，甚至还寻找到了更广阔、更适合自己的"蓝海"——副食，开启了辉煌"豆"生的全新篇章。失之东隅，收之桑榆，大豆能够逆风翻盘的关键来源于它在植物界超群的蛋白质含量。一粒大豆，蛋白质含量在40%左右，远高于其他作物，并且大豆蛋白还含有人类所需的全部必需氨基酸，可以说是不可多得的优秀蛋白质来源，尤其是在肉蛋奶匮乏的年代，怎么能被轻易放弃呢？就这样，一代代勤劳智慧的中国人围绕着如何更好地享用大豆，开始了一段脑洞大开、妙趣横生的美味大探险。

汉代以后，随着食品加工技术的快速发展，豆豉、豆酱、豆腐、豆浆、酱油等大豆"周边"相继出现，不仅完美避开了口味上的缺陷，还将大豆的蛋白质优势发挥到了极致，尤其是豆腐的出现，让人体对大豆蛋白的吸收和利用，达到了一种至高境界，堪称中国豆制品的代名词。相传豆腐是由西汉淮南王刘安发明。当时，热衷炼丹的淮南王刘安，集合众人在现今安徽省寿县与淮南交界处的八公山中炼制丹药，偶然以石膏点入一锅煮沸的豆汁之中，于是无意间促成了豆腐的诞生。关于豆腐现存最早的记载来自五代时期陶穀所著的《清异录》，当中写道："时戢为青阳丞，洁己勤民，肉味不给，日市豆腐数个，邑人呼豆腐为小宰羊。"可见至少在五代时期，豆腐已经在市场上进行销售，并且作为肉食的"平替"受到老百姓的喜爱。嫩滑鲜美程度媲美羔羊，但价格较之羔羊却非常低廉亲民，"小宰羊"之名可谓是相当传神了。从那时起，豆腐与中国老百姓的生活紧密交缠，它既是钟鸣鼎食之家的餐桌常客，也是贫穷苦寒人家的充饥吃食。豆腐在中国的普及程度及作用为其赢得了"国菜"的美誉，关于豆腐的美食更是不胜枚举：文思豆腐、麻婆豆腐、徽州毛豆腐、王致和臭豆腐、江西霉豆腐、云南包浆豆腐……在漫长岁月与烂漫想象的共同"点化"下，豆腐以无限包容的个性被衍生出各种变身，呈现出不同地区人们的口味和性情。

千年弹指一挥间，中国人对大豆蛋白的利用已臻化境。大豆凭借着"田中之肉"的传世美名稳坐国民"爱豆"宝座，就连孙中山先生都曾在《建国方略》中写道："以黄豆代肉类，中国人之发明。"小小的大豆实则牵动着最广大人民的福祉民生，我国大豆育种的奠基人王绶先生曾对此颇有感触："中国人稠地窄，普通多数人民都是很穷的，没有钱吃牛肉、鸡蛋、牛奶之类的东西，没有钱吃肉，只好吃素，所以外国人讥笑中华民族为吃素民族。但这吃素民族能维持其民族健康四千年不至于灭亡，全靠大豆的力量。没钱吃肉，但可以吃豆腐、黄豆芽、豆腐干等大豆的产物，没钱喝牛奶，但可以喝豆浆。从做苦力的朋友说起，到坐汽车的阔老爷们止，没有一个不吃大豆做的东西，穷朋友不用说没有钱，吃不起肉，只配得吃些青菜豆腐，就是有钱吃肉吃鱼吃海菜的阔人们，亦离不开酱油给他们调治口味，所以大豆与民生是十分密切的。"

目前，除了豆腐、豆干、腐竹、豆皮、豆豉、腐乳、豆酱等传统保留项目，大豆又以当仁不让的姿态大力进军植物奶、植物肉等近年来大火的新消费赛道。虽然豌豆、燕麦、杏仁等新兴的植物蛋白明星逐渐崭露头角，但大豆仍然以 60 % 的市场份额一骑绝尘，主宰着全球植物蛋白供应市场，依旧是那个哼唱着无敌是多么寂寞的"植物蛋白之王"。

> TIPS：
>
> 　　著名教育家李石曾先生为大豆及其制品在欧洲的传播推广做出巨大贡献。1908 年，他在巴黎西北部郊区科伦布镇创办"巴黎豆腐公司"，生产推广大豆制品，后继而与蔡元培等人发起留法勤工俭学运动。留法勤工俭学运动为我国的政治、教育、科技、文化、艺术等领域皆造就了大批的栋梁之材，其中就有周恩来、邓小平等中国共产党的杰出领导，两人还曾在巴黎组织留学生开办过一家中国式豆腐店，店名就叫"中华豆腐店"。

豆油向左，豆粕向右

有关数据显示，2020—2021 年全球大豆消费量高达 3.63 亿吨，消费排名前三的国家为中国、美国、巴西，消费量分别为 11 160 万吨、6 105 万吨、4 941 万吨。你也许会纳闷，即便中国人特别钟爱豆制品，也远不到如此巨大的消费量，更别说美国、巴西这些国家好像既不怎么吃豆腐，烧菜也不用酱油，这么多的大豆到底都去了哪里呢？答案就藏在你家的厨房里，打量一下还有啥是跟大豆有关的呢？机智如你，是不是觉得这简直是道送分题，一定就是大豆油了吧！恭喜你答对了！不过呢，只能说答对了一半。还有一半的正确答案就没有豆油这么明显了，它们隐藏在除了素食者以外我们每个人爱吃的硬菜名单里，不管是你喜欢的糖醋排骨，还是我最爱的宫保鸡丁，或者他必吃的北京烤鸭……一句话，这么多年来，大豆在一条隐蔽的战线上默默守护着你我的"吃肉自由"。事实上，全球大约 95 % 的大豆都用于压榨，除了获得世界三大食用油之一的大豆油，榨油产生的豆粕也同样重要，它是全球养殖业蛋白饲料的主要来源。左手豆油，右手豆粕，左右逢源的大豆真正做到了"豆尽其用"。在短短不到 100 年的时间里，正是在这两大拳头产品的强力助攻下，大豆完成了从中国国民"爱豆"到全球农业界"大佬"的"阶级飞升"。

　　要说起这段励志传奇，就不得不提大豆在美国跌宕起伏的奋斗追梦史。直到 18 世纪，大豆这位早已风靡亚洲的超级巨星才首次试水美国市场。1750 年，纽约的第一家报纸《纽约公报》上曾经刊登了这样一则广告："华尔街的罗谢尔和夏普进口了来自英国伦敦的商船上的一些商品并在低价出售，包括有高档和中档的绒面呢、熊毛皮……咸菜、芥末……绿茶、胡椒……瓶装腌制蘑菇、腌制洋葱、酱（油）等一批价格优惠的商品……"这是美国现存最早关于大豆的文字记载，一开始大豆想必也是遵循国内的运作逻辑，计划以古老东方神奇食物的身份进入美国大众的视野。有学者研究表明，最晚至 18 世纪中期，大豆经由航海者、政治家、商人、植物学家、农学家等多种路径，被多次引种到北美大陆。不过，也许是由于东西方饮食文化的巨大差异，作为豆制品原料身份的大豆的美洲首秀并没有掀起多少水花，只在美国的个别州被零星种植与小范围试种。早已经历过几度沉浮的大豆当然不会因此而轻易言败，它耐心蛰伏于北美广阔的土地上，接受着上天的考验，静静等待一个机会，没想到这一等就等了 100 多年……

19 世纪末，卧薪尝胆的大豆终于迎来了异国"豆生"的第一个小高峰。随着新品种从欧洲、亚洲等地的相继引入，美国各州立的农事试验站中关于大豆农学价值和品种适应性试验不断深入。人们慢慢开始发现，大豆不仅仅可以用来做酱油、豆腐等豆制品，还是一种非常好的牧草作物。因为与其他包括豇豆等豆类作物在内的牧草作物相比，大豆的蛋白质和油脂含量都较高，是一种非常理想的饲料原料。从那时候起，大豆在美国开始作为牧草作物渐渐打响了名气，被重视程度也体现在了逐年攀升的种植面积上。

当然，身怀巨大宝藏的大豆想带给人类的惊喜远非止步于牧草这么简单。进入 20 世纪，随着大豆作为工业原料的地位迅速上升，美国人逐渐将目光锁定在了大豆粒身上。由于脂肪酸和不皂化物含量低，豆油早期最多被应用于制作液体皂。到 1917 年，大约有 5.1 亿千克豆油用于美国的肥皂制造业，占当时肥皂生产业中总消耗掉植物油总量的 25.7%，成为继椰子油和棉籽油之后肥皂工业所需排名第三的植物油。此外，大豆油还可以用于油漆、蜡烛、人工橡胶、润滑剂等多种工业生产中。据有关学者的不完全统计，大豆为 350 余种工业产物的原料，可制造肥皂、香水、炸药等物品，只豆油一项，应用于汽车各部者，已有七八十种之多，占工业上极重要之位置。

从默默无闻到炙手可热，大豆在工业应用上的大放异彩必须感谢它生命中的那些贵人，其中一位慧眼识豆的伯乐不是别人，正是享誉全球的汽车大王——亨利·福特（Henry Ford）。除了为世界装上车轮，福特一直怀有将作物应用于工业的远大抱负，认为"农业和工业是天然的合作伙伴"。从 20 世纪 30 年代开始，大豆被作为最具开发潜力的"种子选手"获得了福特的赏识。福特更是为它在密歇根州的绿野村（Greenfield Village）专门设立了一个大豆实验室。在这里，福特和他的研究人员对大豆的工业前景从头到脚、里里外外研究了个遍，熊熊燃烧的除了福特誓要带领大豆惊艳全世界的豪情壮志，当然还有巨额的经费投入。光是 1932—1933 年，福特就在大豆身上花费超过了 125 万美元的研究经费。"福特先生对于大豆的兴趣不亚于对他的 V-8 引擎"，1933 年 12 月《财富》杂志饶有趣味地记录了这一时期福特与大豆的甜蜜往事。正是在这一年，大豆实验室成功解锁一系列关于大豆新用途的开创性发现，大豆油非常适合生产珐琅漆与铸模黏合剂，豆粕则可以用来制造塑料零部件。到了 1935 年，在福特的工厂内，约 27 千克的大豆会被加工成油漆、喇叭按钮、换挡把手、油门踏板、定时齿轮等五花八门的工业产品，并应用在每一辆福特汽车上。同一时间，豆粕也开始在畜牧业中大显身手，被广泛用作牲畜饲料。

1940 年 11 月，一向善于营销的福特制造了一起轰动美国的大新闻，77 岁的福特，身穿西装，头戴礼帽，兴高采烈地手挥利斧向身前汽车的后备厢盖砍去，而这正是他的得意之作——大豆塑料后车盖。他要向所有人证明这种新塑料材质的优越，与钢材相比，更轻、更便宜、更牢固。如福特所愿，被猛砍却依然毫发无损的大豆塑料后车盖

大豆

Glycine max（L.）Merr.

一夜之间占据了美国各大报纸的版面。但这还远远不够，福特有着更宏大的梦想，他的终极目标是制造一辆百分之百由大豆塑料制成的汽车。不过非常可惜的是，随着第二次世界大战的爆发，美国汽车制造业整体陷入停摆状态，大豆汽车的试验也被迫终止。

1947 年，福特在迪尔伯恩的家中去世，享年 85 岁。虽然这位汽车大王直到生命的最后一刻也没有等到他的那辆"dream car"，但是正是由于他对于大豆的一往情深的热情和执着，甚至有时因为过于异想天开而沦为大众的笑柄，却令大豆在美国真正尝到了受人重视与赏识的滋味，从"天荒地老无人识"到"一朝成名天下知"，福特不愧是那个"大豆最好的朋友"。

说起压榨豆油，并非美国人的首创，世界上最早利用大豆榨油的当然是中国。早在我国宋代传统博物著作《物类相感志》，就曾有"豆油煎豆腐有味"的记载。但是当时的榨取豆油的工具和技术主要针对的还是胡麻、菜籽、蓖麻等小籽粒，而非大豆这样的"大块头"，榨取的效果并不是特别理想。明代宋应星在《天工开物》中提到"黄豆每石得油九斤"，根据有关学者的换算出油率只有 9%，与芝麻、油菜籽等"小身材、高油量"的主流油料作物相比有很大的差距，因而虽然中国古人已经意识到了豆油的食用优点，但还是因为产量低而没有将其纳入主要食用油之列。

美国人吃上豆油的时间则是 20 世纪以后的事情了。如前所说，20 世纪 40 年代之前，虽然大豆已经在工业领域大放异彩，但是美国人从未动过把大豆油引入餐桌的念头，那时候他们吃的比较多的油主要是动物油脂、棉籽油和亚麻籽油，因为当时的技术提炼出的豆油带有明显的"鱼腥味""油漆味"，从而备受嫌弃。第二次世界大战的爆发不仅改变了世界人民的命运，同样也使大豆迎来了最重要的"豆生"转折点。1941 年 12 月，珍珠港事件后，日本切断了美国从太平洋群岛与东亚地区的植物油与油料物资进口渠道，尤其是棕榈油与椰子油，而这些几乎占到了美国战前油脂进口的 2/3。突如其来的"油荒"令美国政府急于寻求一个全新且易得的油脂来源，终结这场可怕的噩梦，这时曾经被视为油类末流的大豆以"救世主"的身份出现在了世人眼前。1942 年，为了动员农民种植大豆，美国农业部专门印刷了一份题为《大豆油与战争：多种大豆赢得胜利》的传单，发出了振聋发聩的呼吁："山姆大叔需要大豆油来赢得这场战争。我们必须弥补上因为战争封锁导致的一千万磅的油脂缺口……绝大多数的油将会用于食物……今年我们需要 900 万英亩① 的大豆……记住，当你种下越多的大豆，你就在帮助美国摧毁自由的敌人。"

一石激起千层浪，民众同仇敌忾的士气与决心完美体现在了大豆生产上。第二年，也就是 1943 年，美国大豆总产量激增 62 %，并且一举超越了原先排名第二的亚麻籽油。接着，到了 1944 年，大豆势如破竹、锐不可当地成功取代棉籽油轻松拿下了美国植物油的头把交椅，之后再也未将第一的宝座拱手相让，成为食用油界的顶级"大拿"。之后，随着炼油工艺的不断精进，美国研究人员终于成功去除了大豆油屡遭诟病的特殊味道，扫除了大豆称王路上的最后一个障碍。大豆油从那时起被广泛应用于起酥油、人造黄油、烹饪用油及其他各类食品加工制作之中，润物无声地渗透进了美国百姓的一日三餐中。也许是万物守恒、此消彼长，大豆在食用领域的高歌猛进，同时也伴随着在

---

① 1 英亩 = 4 046.856 平方米。

工业领域的淡出谢幕。20 世纪 40 年代以后，大豆油在工业生产中的利用量已远远落后于它在人类食品行业中的利用量。1970 年，用于食用类的大豆油已经占到了全美豆油总量的 93%。

今天，世界大豆油年产量超过 6 000 万吨，是仅次于棕榈油的第二大植物油。豆粕年产量则超过 2.5 亿吨，是世界第一大饲料蛋白来源。大豆，一个注定天将降大任的强者，用它跌宕起伏的豆生轨迹实力诠释"不抛弃不放弃"，凭借过硬的实力与坚忍的意志，一次次与命运的狂风暴雨搏击，最终穿越那些幽微暗淡的岁月，逆风翻盘，傲然屹立于全球农产品之巅，笑看今夕何夕。

TIPS：

食用植物油的制取一般有 2 种方法：压榨法和浸出法。压榨法是用物理压榨方式，从油料中榨油的方法。浸出法是用化工原理，用食用级溶剂从油料中抽提出油脂，最早由法国人迪斯在 1856 年申请获得专利，是目前国际上公认的最先进的生产工艺。炼油企业往往按不同需要选用合适的方法，用其所长，互作补充。无论是压榨油还是浸出油，只要是正规厂家生产并且符合质量标准的油，都是可以放心食用的，并不存在所谓的"压榨油一定比浸出油健康"的说法。

中国大豆，一定要争气

2018 年 7 月，一艘载着 7 万吨大豆的美国货轮"飞马峰号"（Peak Pegasus），为了赶在中方关税落地前抵达大连港，在黄海海域开足马力一路狂奔，上演真实版"生死时速"而意外走红网络，引发了中外网友的强烈围观。不过很可惜的是，在外界一致的加油声中，"飞马峰号"终究还是没能及时赶到港口……

网红货轮"飞马峰号"的"末路狂奔"及后续命运牵动了无数国人的心，也让很多人第一次清楚直观地意识到大豆在中美贸易博弈中所扮演的角色与分量是多么的举足轻重。原来，常年占据美对华出口贸易总额第一位的并不是我们印象中的飞机、芯片等各类高科技产品，竟然是我们老百姓抬头不见低头见的大豆！

长期以来，中国都是世界上最大的大豆进口国与消费国。20世纪90年代中期以来，中国大豆进口量持续攀升，对外依存度为80%以上。目前，我国大豆的进口来源主要集中在巴西、美国与阿根廷三国，占到了进口总量的94%以上。2020年，我国大豆进口量首次突破1亿吨，达10 032.7万吨，中国激增的进口量也引发了国际市场上大豆价格的上涨。

你是不是不禁要感叹中国人是多离不开大豆啊，这么多的大豆都干什么去了？答案其实很简单，真的就是被我们"吃"掉了……随着人口的增长、生活水平的提高与饮食结构的变化，中国人的吃油事业和吃肉事业都比以往更加需要大豆。

目前，榨油仍然是大豆最主要的消费用途，占比超过八成。虽然近年来食用油市场新星辈出、百花齐放，选择越来越多元化，但依然影响不了国人对大豆油的青睐。从2003年起，大豆油就一直稳居我国食用油消费量的榜首，几乎以一己之力占据了植物油市场的"半壁江山"。数据显示，2018—2020年大豆油年均消费量达1 716.3万吨，占到了总消费量的44.6%，这些豆油绝大部分都是由进口大豆压榨而来。

进口大豆与国产大豆优势不同，长期以来形成了较为明确的分工。进口大豆油脂含量较高，主要用于补充食用油与饲料蛋白的缺口；国产大豆的优势是蛋白质含量较高，主要用于制作传统豆制品和调味品。

因而，每年将近1亿吨的进口大豆漂洋过海来到中国，之后会被送入大型炼油企业，先是榨出2 000多万吨豆油，接下来，余下的7 000多万吨豆粕绝大部分会被做成饲料，喂养我国数量庞大的猪鸡鸭牛羊鱼虾蟹，最终转化为8 800多万吨肉、3 400多万吨蛋、3 600多万吨奶、5 000多万吨水产品，支撑着广大中国人强劲旺盛的肉蛋奶需求。

可能很多人不解，既然大豆对我们如此重要，为什么我们自己不多种大豆而选择从别人那里进口呢？可以说，这仍然是基于粮食安全角度通盘考虑后的"最优选择"。众所周知，14亿人，18亿亩耕地，中国用占全球7%的耕地养活了占全世界22%的人口。在耕地资源较为有限的情况下，我们必须优先考虑的仍然是水稻、小麦、玉米等主粮的绝对安全。与其他主粮相比，大豆属于土地密集型作物，单产仅为小麦的1/3、水稻的1/4、玉米的1/5。中国进口的1亿吨大豆如果要全部实现自给自足，至少需要增加8亿亩耕地，这势必挤占水稻、小麦等其他作物的种植面积。因而，基于人多地少的基本国情，就当下而言，以进口大豆节约出来的耕地种植相对高产的主粮作物是更加合理的选择。

当然，中国人的饭碗主要装中国粮，中国人的油瓶子也要尽可能多装中国油。长远来看，大豆供给绝对不能受制于人，摆脱过度进口依赖，提升大豆自给率是我们迎难而上必须啃下的"硬骨头"。2019年中央一号文件提出实施大豆振兴计划，多途径扩大种植面积。想要在保障水稻、玉米、小麦等粮食作物面积的前提下，增加大豆种植面积，一个突出难点就是调解好大豆与玉米这对"孪生兄弟"之间"相爱相杀"的关系。原来，大豆和玉米的光、温、水需求相近，也就是说，能够种植玉米的地方也适合大豆生长，玉米大豆争地是长期困扰大豆生产的一大难题。近年来，科学家们通过研究，提出了大豆玉米带状复合种植技术，实现在玉米不减产的情况下，每亩地可多收大豆100～150千克。目前这项技术已经在西南地区得到大面积推广，在黄淮海及西北地区进行了试验示范，为解决我国玉米大豆争地矛盾提供了一条重要出路。同时，打铁还需自身硬，科学家们也在加紧攻关，培育创造更加高产、高油、高蛋白的大豆新品种。这颗来自中国、惊艳所有人的"奇迹豆"又一次蓄势待发，时刻准备着为全世界人民的营养与健康，奋斗终生、奉献终生！

参 考 文 献

蔡琨，苏东海，陈静，等，2012. 大豆低聚糖的生理功能研究进展 [J]. 中国食物与营养，18（12）：56-61.

陈志明，马建福，陈子豪，2019. 中国饮食文化里的豆腐及其相关产品 [J]. 湖北民族学院学报（哲学社会科学版），37（2）：120-127.

代养勇，曹健，董海洲，等，2007. 大豆食品豆腥味研究进展 [J]. 中国粮油学报（4）：50-53.

韩茂莉，2012. 中国历史农业地理 [M]. 北京：北京大学出版社 .

韩天富，周新安，关荣霞，等，2021. 大豆种业的昨天、今天和明天 [J]. 中国畜牧业（12）：29-34.

蒋慕东，2006. 二十世纪中国大豆改良、生产与利用研究 [D]. 南京：南京农业大学 .

蓝勇，秦春燕，2017. 历史时期中国豆腐产食的地域空间演变初探 [J]. 历史地理（2）：136-145.

李建，沈志忠，2021. 开创与奠基：民国时期的大豆科学研究：以王绶的研究为中心 [J]. 大豆科技（4）：1-8.

石慧，2018. 大豆在美国的引种推广及本土化研究 [D]. 南京：南京农业大学 .

石慧，2021. 中国农业的“四大发明”：大豆 [M]. 北京：中国科学技术出版社 .

孙磊，2020. 新时代背景下发展中国大豆科技和振兴大豆产业策略分析 [J]. 大豆科技（4）：20-23，31.

王连铮，2010. 大豆研究 50 年 [M]. 北京：中国农业科学技术出版社 .

汤敏, 2016. 释 "豆" [J]. 柳州职业技术学院学报, 16 (4): 97-99.

佚名, 1949. 亨利福特与大豆 [J]. 化学世界 (Z1): 26.

易人, 1993. 巴黎豆腐公司与留法勤工俭学 [J]. 史学集刊 (2): 35-40.

曾昭铎, 2008. 周恩来与邓小平战友情深 [J]. 福建党史月刊 (4): 4-5.

翟涛, 吴玲, 2020. 开放视角下中国大豆产业发展态势与振兴策略研究 [J]. 大豆科学, 39 (3): 472-478.

张婧妤, 许本波, 郑家喜, 2022. 我国食用植物油消费变化分析及改革对策 [J]. 中国油脂, 47 (3): 5-10.

张晓松, 朱基钗, 杜尚泽, 2021-10-24 [2021-10-24]. 大河奔涌 奏响新时代澎湃乐章——习近平总书记考察黄河入海口并主持召开深入推动黄河流域生态保护和高质量发展座谈会纪实 [N/OL]. 人民日报 (1). http://paper.people.com.cn/rmrb/html/2021-10/24/nw.D110000renmrb_20211024_1-01.htm.

周伯川, 刘世鹏, 2002. 先进科学的溶剂法浸出食用植物油精炼后可放心食用: 对 "汽油浸炼食用大豆油大揭秘" 系列文章的几点看法 [J]. 中国油脂 (1): 4-6.

SHURTLEFF W, AOYAGI A, 2011. Henry Ford and His Researchers-History of Their Work with Soybeans, Soyfoods and Chemurgy (1928-2011): Extensively annotated bibliography and sourcebook [M]. Lafayette, USA: Soyinfo Center.

SHURTLEFF W, AOYAGI A, 2016. History of Soybean Crushing-Soy Oil and Soybean Meal (980-2016): Extensively annotated bibliography and sourcebook [M]. Lafayette, USA: Soyinfo Center.

第五章

大麦
——A面『苦行僧』，
B面『快乐仙』

学名：*Hordeum vulgare* L.

英文名：Barley

植物学分类：禾本科大麦属

提到，也许很多人除了"大麦茶"以外，还反应不过来这是怎样的一种作物。毕竟，在国人的生活及认识中，小麦以及小麦开创出的面食王国更为我们熟知。

其实，大麦是世界上最古老的作物之一，在文明最先冉冉亮起的沃土上，大麦就凭借自身顽强生存的秉性，为同样勤勉开拓的人类提供着生命的能量，仿佛志同道合的战友在最质朴的劳动中相互扶持。大麦的善良与坚韧，更收获了青藏高原百姓们发自内心的感激，在高寒之地，大多数需要精耕细作的作物早早知难而退，而大麦是那个逆行的背影，它愿深深地扎根于此，以作物先锋"青稞"的形态挑起高原主粮的重担。

在主粮资优生——水稻和小麦崛起前，大麦也曾在我国坐过主食的交椅，虽早已退出主食阵营，但卸下包袱的它更多时候会化身为一口淋漓啤酒，在丰盛美味的餐桌大合唱里作为那点亮激情的装饰音，在恣意的畅饮中带给人们快乐与澎湃的体验，架起人世间那些有关情谊相知的桥梁。

从中东踏上"主粮苦旅"

大麦，首先是一个出身平凡、却依靠修身律己，实现"兼济"的作物。大麦所在的禾本科在植物界分量沉实：小麦、水稻、玉米这些大家熟知的主粮都在其麾下。

很多人分不清大麦和小麦，它们的外形差不多，腹面都有一条深深的纵沟。面食来源于小麦，相较而言，小麦种子颗粒较为立体饱满，小麦穗为复穗状花序，小穗相对互生在穗轴上，每穗轴节上着生一个小穗，排列成两行。而大麦乍看之下比小麦更"精致复杂"一些，因为大麦穗为穗状花序，每个穗轴节上着生三个小穗。根据小穗发育结实情况不同，可再分为二棱大麦（仅中间小穗结实）与多棱大麦（包括六棱与四棱两种变型）。大麦的麦芒可比小麦长多了，长度几乎和下部麦穗相同，这样颇露锋芒的造型，使大麦看上去更加"硬朗""有力""帅气"。

大麦早早就出生在一片温和肥沃的土壤——中东的"新月沃地"。野生大麦最早的证据来自"新月沃地"加利利海南端旧石器时代晚期的奥哈洛二号遗址，发现的大麦遗存可追溯到公元前 8500 年；也有学者认为野生大麦最早的证据来自库尔德斯坦的耶莫遗址，也就是今天的伊拉克地区；20 世纪 70—80 年代，我国学者通过调查西藏地区野生大麦的农艺性状，发现它的很多特性与国内栽培大麦相似，而不同于中东栽培大麦。最新的现代分子生物学研究表明，青藏高原野生大麦具有独立起源，居住于此的藏族先民独立驯化了大麦，是现代栽培大麦的主要祖先之一，并且现代栽培大麦与青藏高原野生大麦具有极为紧密的血缘关系。人类先民们驯化了包括大麦在内的一批谷物，自驯化至今，大麦种植已遍布全球温带气候地区。

如果把作物比拟成人类社会，大麦一定是那个"能吃苦又听话的孩子"，朴素，有韧劲，甚至会"察言观色"。苦寒之地的人们发现它耐寒、耐旱、耐贫瘠，再恶劣的气候也无法使它屈服。大麦后代理所当然地被人类选拔出来，于是它开始拥有了开眼看世界的机会。像跟着国王到处开疆拓土又心怀鸿鹄之志的随从，在公元前 5000—前 1500 年，它跟随着人类的脚步，跨越千山万水，分两路来到地球的东西端：欧洲，以及印度、中国，并在新世界得到了持续栽培的机会。

世界屋脊的珍贵口粮

如果要选出一个最能代表青藏高原的植物，青稞一定高票当选，稳居榜首。

经过藏民悠久的精心驯化与栽培，青稞，这个流淌着大麦血脉的作物，已经完全适应了青藏高原这个氧气稀缺、气候寒冷的高海拔气候，成为高原人民的主食，它也被称为"大自然赠予的珍珠"。

崇山峻岭，飞雪澎湃，青稞咬牙忍耐，除了自身硬朗，与大麦同宗同族的它，还积极与气候同频共振，保存它得以繁衍的重要器官——花。

作物为了完成它们的生命周期，其开花的时间要与有利的天气条件相一致，从而避免敏感的花组织在极端温度或干旱中受到破坏。在大麦的原产地"新月沃地"，大麦需要在夏季干旱到来之前完成它们的生命周期，这是通过在春夏季到来时增加白天的长度来诱导开花来实现的。当大麦传播到新的纬度和海拔时，这种季节性反应不再灵光。那到底是什么导致大麦适应新的纬度和海拔呢？

原来，作物在极端纬度和海拔栽培时，会对其季节反应基因造成

大麦

Hordeum vulgare L.

选择压力。2005 年，英国约翰纳斯研究中心的科学家首次发现了控制大麦开花期基因 *Photoperiod-H1*（*Ppd-H1*）。*Ppd-H1* 基因位点的突变已被证明会导致大麦光周期响应的关闭，从而使大麦能在不同的季节性模式下生长。极端纬度和高海拔地区的寒冷气候有利于春季播种作物的 "春季生长习性"，经长期的选择与进化，使大麦具有早熟、耐旱、耐盐、耐低温冷凉、耐瘠薄等特点，因而其栽培非常广泛，大洋洲、欧亚大陆、北美洲都有其坚忍的身影。

青稞，因其籽粒内外稃与颖果分离，籽粒裸露，故称裸大麦，江浙一带也称元麦、米麦。皮大麦则是内外稃与籽粒黏合，就像皮肤一样包裹着颖果，因而称作皮大麦。

青稞在青藏高原上种植约有 3 500 年的历史，它成为藏族同胞最依赖的主食，是糌粑的主要原料。

去青藏高原旅游，一定要尝尝糌粑，这是将青稞炒熟后，用手磨磨成的粉。在藏族同胞家做客，主人一定会给你端来喷香的奶茶、青稞炒面、金黄的酥油和奶黄的 "曲拉（干酪素）"。吃糌粑时，碗里放上一些酥油（从牛奶中提炼出来的奶油），冲入茶水，加点糌粑面，用手不断搅匀，质朴而美味。

屹立于冰雪之巅，藏族同胞精心使用着脚下哪怕并不丰厚的土地，而大麦与青稞也没有辜负人们的期待，成为自然对人们勤劳开拓的馈赠。

每到望果节，藏民们穿上盛装，抬着 "丰收塔"，在田间地垄引吭高歌、翩然起舞。祭台上，纷纷扬扬的青稞粉被抛向空中，人们满怀虔诚，将这祈祷丰收的愿景，挥向天际。

全世界来一起"嗨"啤

或许是自己吃过苦，所以在苦寒之地更能宽慰他人。大麦兼济着高原人民的饱腹与营养，按说这份高尚与善良，足以让大麦心安理得在功劳簿上享受着人类的感恩，但它还想再力所能及地提供点什么——对，那就为这些乐观勤勉拓荒世界的人类带去一丝放松与快乐吧。

这份礼物，就是啤酒。

第一杯啤酒是怎么诞生的？应该纯属偶然，因为彼时的原始人还没掌握酿造的工艺。

学者们猜测，原始人居住在不具备良好遮风避雨能力的山洞里，采集野生大麦后，他们将节余的部分安置在露天石槽里存放。一场大雨，湿透的大麦暴露在空气中发了芽，空气中的野生酵母趁机悄悄与之作用，产生了酒精和二氧化碳。

这时，一位原始人走来，也许是受到香气的蛊惑，出于好奇他勇敢地喝下了石槽中的液体。惊人的事情发生了，这液体不仅美味，喝完后他还异常开心。在他为生活奔忙劳碌的紧张节奏里，他感受到了奢侈的放松与惬意。从此，人类再也离不开这种大麦饮料。

巴黎卢浮宫的"蓝色纪念碑"上，记录了公元前3世纪巴比伦的苏美尔人以啤酒祭祀女神的情形。4世纪时，啤酒传遍了北欧，随着酿造工艺的精进，啤酒种类更加丰富。19世纪，有了冷冻机，人们开始对啤酒进行低温后熟的处理，就是这一发明使啤酒冒出了泡沫。1900年，俄罗斯技师首次在中国哈尔滨建立了啤酒作坊，中国人由此开始一起"嗨啤"。

大麦与啤酒之间的互相成就，是天作之合。在谷物中，大麦非常适合发酵，让人们更便于获取酒精。要用谷物制造酒精，首先要把谷物中的淀粉转化成麦芽糖。而大麦易于发芽，并能产生出大量的水解酶类，这使得它在释放糖分的天赋上，远远优于其他谷物。大麦甚至能和小麦或稻米混合，启动这些谷物的糖化过程。发酵师要做的仅仅是把谷粒泡湿，这一步加工术语也叫"制麦"，静待谷粒发芽再加入酵母即可。因此，大麦天生是酿酒的原料，也是发酵师的好友。

大麦化身的啤酒还从侧面推动了医学和工业化的发展。1850 年，"微生物学之父"法国微生物学家路易斯·巴斯德在研究啤酒变质问题时发现，原来一切是乳酸杆菌在"搞事儿"。为此，他开始尝试，在不同温度条件下去杀灭乳酸杆菌，最终发明了"巴氏灭菌法"。尽管巴斯德自己不是医生，但他确信空气中同样存在着使人和动物致病的病原菌。正是他的病原菌学说，为人类医学打开了一扇崭新的大门。

由于对啤酒的旺盛需求，低效率的小型酿酒厂无法满足市场需求。以美国米勒康胜（Miller Coors）为代表的大型啤酒厂采用自动化流水线生产，代替了以往的手工生产。从此，汽车、纺织等其他工业紧随其后，现代化工厂成为人类文明的新标志。

今天，中国是全球啤酒生产量最大的国家，中国的人均啤酒消费量已达到世界平均水平，这也带动了我国的啤酒麦芽产业的飞跃发展：早期，我们从国外引进啤麦品种，进行区域化试验，如在生产上应用的蒙克尔、冈二等都来自引种。农业科技工作者还通过大麦生态试验把全国划分成 12 个生态区，初步认为啤麦的集中生产地主要为江浙、黄淮海、西北和东北四大产区，并协作建设开发基地。由于相关扶持政策如雨后春笋涌现，我国北方内蒙古、新疆和西南啤酒大麦产业方兴未艾，与国际进口大麦同台竞技，一定程度上改善了我国曾经啤麦品质不佳、受制于进口品种的局面。

想象一个没有啤酒、威士忌、伏特加的世界，简直无趣。大麦，一直是那个致力于迎难而上、追求进步的作物，但它也愿意一展身手做个"快乐仙"，化身酒精这种情绪的催化剂，带给人们"缘聚饮酒香、共叙日月长"的欢庆时分，在觥筹交错中润泽沟通的情感。

毕竟，谁不需要来点激情与疯狂呢，大麦也不例外。

参 考 文 献

刘晓倩，2019-07-02［2020-11-06］. 古老粟黍种植者将大麦带到青藏高原［N/OL］. 中国科学报（1）. https://news.sciencenet.cn/htmlnews/2019/7/427967.shtm.

中国农业百科全书总编辑委员会农作物卷编辑委员会，1991. 中国农业百科全书农作物卷上、下［M］. 北京：中国农业出版社.

周伊晨，（2021-10-29）［2021-10-29］. 浙江大学张国平团队：君看大麦熟，颗颗是黄金［EB/OL］. http://www.news.zju.edu.cn/2021/1029/c63101a2437067/page.htm.

BAXTER A G, 2001. Louis Pasteur's beer of revenge［J］.Nature reviews immunology，1（3）：229-232.

LI J, ZHANG J, CAI R, 2020. Controversy on the origin and spread of barley［J］. Meizhou nongye yanjiu qianyan（Front in American agriculture），10（1）：1-6.

LIU X, LISTER D L, ZHAO Z, et al., 2017. Journey to the east: Diverse routes and variable flowering times for wheat and barley en route to prehistoric China［J］. Plos one，12（11）：1-16.

第六章

高粱

——砥砺生长，酿苦涩为醉酒香

学名：*Sorghum bicolor*（L.）Moench

英文名：Sorghum

植物学分类：禾本科高粱属

仅次于玉米、小麦、水稻和大麦，高粱是世界第五大谷类作物。它起源于干旱、炎热、贫瘠的非洲大陆，今天依然是非洲和亚洲半干旱地区数亿万人的主粮。

新中国早期艰苦创业的岁月里，东北、华北地区的大片平原也曾遍地高粱。环境越是严酷，高粱高产稳产、旱涝保收的优势越是凸显，对穷人家来说，高粱就是抗灾荒的活命粮。抗日战争和抗美援朝时期，先辈们凭借高粱面提供的能量奋勇杀敌，捍卫了国家的尊严和领土完整。今天的高粱虽然渐渐退出我国主粮舞台，但其独特的化学物质——单宁，早早与中国酿酒技术相伴起舞，高粱酒那醇美的香气，仿佛诉说着高粱与中国山河的红色故事。

先锋作物，生存之王

无论是干旱丘陵，还是瘠薄山区，只要给高粱一点阳光，它就不会放弃生的希望。

国人常有种错觉：高粱就是中国土生土长的作物。其实不然，高粱起源于非洲（公认的说法是栽培高粱的老家在埃塞俄比亚）。贫瘠的土壤，恶劣的环境，让高粱"打小"就具有很强的抗逆能力。与其他和谷类作物相比较，高粱光合效率高，更抗旱、耐涝、耐盐碱、耐贫瘠、耐高温。

高粱极强的适应能力来源于其光合作用的方式与众不同。它从空气中吸收二氧化碳后，首先合成含有 4 个碳原子的化合物，因此高粱被称为 C_4 植物。而水稻、小麦会将二氧化碳先合成含有 3 个碳原子的化合物，被称为 C_3 植物。与 C_3 植物相比，C_4 植物的光合过程多了一道将二氧化碳浓缩再释放利用的步骤，类似于动物的反刍。

之所以能演化出这种 C_4 光合作用，多少也是在"原生家庭环境"中的"被逼无奈"：早期，在干旱的热带地区，若高粱长时间开放气孔吸收二氧化碳，会导致水分通过蒸腾作用过快流失。所以高粱神奇地改造了自己：它只在短时间内开放气孔以保住水分，虽然这样做也会减少二氧化碳的吸收量。

作为植物合成体内多种营养物质的原料，二氧化碳的减少并不利于高粱的生存。但聪明的高粱通过将少量二氧化碳进行浓缩的方式，成功弥补了对原料吸收的不足。高粱的维管束鞘也进化成了特有的"花环型"结构，有利于将叶肉细胞中四碳化合物释放出的二氧化碳进行再固定，提高光合效率。由于拥有 C_4 光合作用途径，高粱具有二氧化碳利用率高、耐逆性强、生命力旺盛的优点，又被人们称为"作物中的骆驼"。

不过，由于赖氨酸、色氨酸、苏氨酸等人体必需的氨基酸含量较低，与水稻、小麦等其他谷物相比，高粱的营养算不上出众，它的蛋白质与淀粉较难消化，涩嘴感也令人不那么着迷。但这种坚韧不拔的先锋作物最明显的优势就在于：它能适应最残酷的环境。

在中国人今天的认知里，高粱早已退出主粮界，更多的是以一种"小杂粮"的身份为人熟知。在西方国家，高粱也多为饲料而生，不过，这一切并不妨碍高粱坐稳"世界第五大谷物"的交椅——可以毫

无怨言扎根在半干旱与热带地区，高粱为 5 亿多非洲与亚洲及其他低
收入地区的人们解决着温饱问题。在西非，未发芽的高粱会被用来煮
粥以及制作 couscous。发芽的高粱还会被用来酿造一种叫 dolo 的本地
啤酒。在特别贫瘠的地区，世界粮食计划署（World Food Programme，
WFP）还会就地取材为当地难民提供作为饱腹粮的"高粱粉糊糊"。

单宁——种子的小心机，白酒的入魂香

天空中，正盘旋着一群饥饿的鸟。

它们虎视眈眈地盯着高粱这个明显的红色目标：因为高粱的种子
就裸露在植株顶部，简直就是鸟儿眼皮下诱人的活靶子。为了保证后
代延续，不被鸟儿窃取胜利的果实，高粱自己在种皮中暗暗合成了一
种"化学武器"——单宁。

单宁是植物自身的一种代谢物质，普遍存在于许多植物细胞中。
在吃一些未成熟的水果如柿子、葡萄时，舌头常常会感到又麻又涩，
这个让人们感到苦涩的物质就是单宁，它还会引起消化不良。和人类一
样，鸟类也不喜欢吃到富含单宁的高粱籽粒，高粱就这样保存下了自己
的种子，使自己得以在"物竞天择"的残酷大自然中不断繁衍壮大。

依靠单宁的保驾护航，高粱顺利地成熟了。人们将颖果外层的颖
壳脱去就得到了高粱的籽粒，俗称高粱米。椭圆形的高粱米比我们常
吃的大米稍稍大一些，有白色、黄色、红色、褐色、黑色等多种颜色，
颜色深浅也与单宁的含量有关。一般高粱种皮中单宁含量越高，颜色

越深，同时口味也越苦涩。目前，生活中较常见的高粱米有红色高粱米和白色高粱米。白色高粱米适于食用，味道甘甜，在五谷杂粮中常见它的身影。红色高粱米称为酒高粱，主要用于酿酒。

"好酒离不开红粮"。高粱酒，是高粱为中国独家奉献的精彩演绎。

专家曾对比研究了酿造白酒的禾谷类和薯类、豆类，包括高粱、小麦、稻谷、红薯、豌豆等在内的 15 种原料，证明高粱才是白酒原料中绝对的 "C" 位。高粱酿酒的历史贯穿 2 000 多年，经得住流金岁月的考验，今天的茅台、五粮液、汾酒这些响当当的大牌，哪一个也少不了红高粱米的领衔主演。

高粱酒之所以受人青睐，依然归功于涩口的单宁。适量的单宁可以对发酵过程中的有害微生物起到一定的抑制作用，提高出酒率。而单宁经发酵产生的丁香酸和丁香醛等香味物质又赋予了高粱酒特有的芬芳。

不同的酿造工艺对籽粒单宁含量有不同的要求，单宁含量决定了白酒的口感和风味，以茅台为代表的酱香型白酒原料高粱品种红缨子及衍生系材料籽粒的单宁含量为 1.4 %～1.7 %；而以五粮液、泸州老窖为代表的浓香型白酒所采用的泸糯系列高粱品种的单宁含量相对较低，一般在 1.3 % 左右。凭借着单宁，高粱酒便从众多粮食酒中脱颖而出，高粱仿佛就是为中国白酒而生的作物。

白酒酿造支撑了中国高粱相对稳定的消费规模。在 "好高粱酿好酒" 的理念下，茅台、五粮液、汾酒、泸州老窖等一些名酒企业开始重视选择酒用高粱的品种。酒用高粱种业也由此红红火火。

如果你在初秋去往贵州遵义的深山，漫山遍野的红高粱在阳光下透着红霞满天的丰收图卷，一定会映入你的眼帘。当地人都喜欢这种高粱，它叫"红缨子"，是贵州特有品种——也是茅台酒的专用原料。

"红缨子"由地方品种小红缨子作母本与地方特矮秆品种作父本选育而成，它的颗粒大小适中、皮厚、扁圆、结实、干燥、耐蒸煮，淀粉和单宁含量合理，特别适合酿酒。许多企业早就盯上了当地的红缨子糯高粱，每年播种前就纷纷与农户签下了收购协议。生态优先、绿色发展，让产业发展和乡村振兴的序曲嘹亮激昂。科技武装的经济作物红高粱，也帮这个曾经"地无三尺平，天无三日晴，人无三两银"的贫困山区，打响了脱贫致富的攻坚仗。

壶中日月长。在中国酒文化中，高粱酒还具有把广阔的精神文化内涵和实际社会功能相统一的魅力。也许正是这样煽动情绪的能量，让高粱酒像一个隐身的巨人，出没于历史和现实的长卷里，成为世俗社会人与人交流感情的媒介，其功能和价值在情缘相聚的觥筹交错间得以发扬光大。

高粱酒也是我国招待外宾的国宴用酒，香醇甘洌的酒香中尽显中国"四海之内，皆兄弟也"的大国风采。如今高粱凭一己之力为中国白酒每年贡献高达千亿元的销售额，成为白酒产业的灵魂和支柱。

红色高粱：燃烧的革命之火

在那段物资匮乏和战乱频仍的岁月里，高粱是先辈们用于果腹的救命粮食。抗日战争时期，食物极为短缺。在东北、华北地区只有高粱依然顽强生长，战士们每天能吃到的也只有高粱面做的窝窝头。如

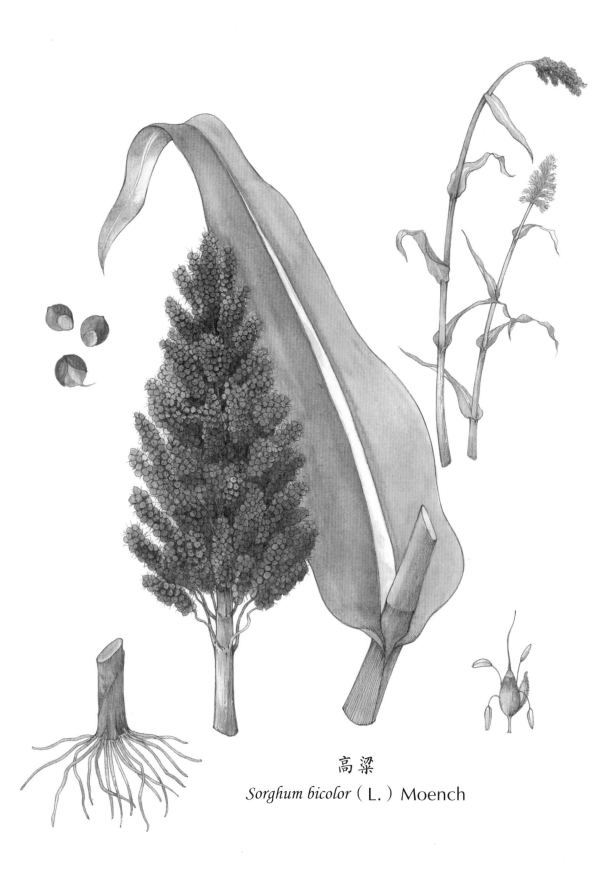

高粱

Sorghum bicolor（L.）Moench

此艰苦卓绝，大片红色的高粱地却澎湃地迸发出凛然的民族正气，在青纱帐的掩护下，依靠高粱面果腹，人民军队英勇作战，打败了日本侵略者，捍卫了中国的国家主权和领土完整，唱响了保家卫国的壮烈凯歌。

中国著名作家、诺贝尔文学奖获得者莫言，在他的小说《红高粱家族》中也如此描写，"我父亲"豆官跟着"我爷爷"余占鳌伏击日本人的汽车队，正是烈士的鲜血灌溉了大片高粱。"一坛高粱酒，一身忠烈魂"，小说中火红的高粱，生动演绎着高密人民在抗日战争中的熊熊斗志与烈烈血性。

再到抗美援朝的战场上，志愿军战士咽着炒面，硬是把美军及"联合国军"从鸭绿江边一直打退到三八线，消除了中国东北边境的安全威胁，改变了唇亡齿寒的被动局面。"一口炒面一口雪"，是中国人民志愿军最真实凝练的战地写照，而这里的"炒面"可不是我们今天常吃的香喷喷的炒面片、炒面条，它是用高粱米、小麦等作为主要原料，炒熟后磨成粉状，再加上一点食用盐制成。这种炒面可以随身携带，用开水冲泡搅拌就可以食用了。但行军苦旅中，战士们更多是直接抓一把面粉干吃，咽不下的时候再随手抓一把雪，混合着下咽。数十年过去了，炒面——这种中国军队的功勋食品，依然是英雄血气胆魄的革命象征。

勇于挑战，不忘初心

曾经，在现代育种技术尚未诞生之前，相比于其他作物，高粱生长能力强、生育期短、产量高，在我国北方地区部分贫瘠的土地上，人们既可直接食用高粱米饭或者粥，也可将高粱磨面制成糕点、面条，其主食的地位一度不可撼动。

中国高粱食用消费具有明显的时代特征，继高粱用以充饥果腹的直接食用用途完成历史使命之后，便在国人的餐桌上"急流勇退"。随着育种技术的发展，小麦、水稻的产量、抗逆性和食味品质节节攀升，成为国人主粮中的"顶梁柱"。而口感略涩、营养不佳的缺陷，让高粱"救命粮"的历史光环渐渐黯淡。在影视剧作品《红高粱》中，它是熠熠生辉的精神图腾，可现实中，人们与高粱的接触越发少了。

但意志坚忍卓绝如高粱，在最苛刻残酷的气候环境里都能扎根土壤，又怎会甘心埋没在如今风调雨顺的历史洪流中呢。

由于不含麸质，目前高粱粉作为小麦面粉的替代品开始出现在面条中，成为占到全球总人口 1% 的麸质过敏人群的福音。并且由于高粱蛋白质和淀粉消化率较低，淀粉转化慢，对减肥人士友好。作为健康谷物，在控制血糖、肥胖等方面也具有巨大的应用潜力。

甜高粱，粒用高粱的一个变种。作为一种新兴的优质牧草，它可在边际土地种植；作为饲料，甜高粱可直接青饲，也可以做成干草或青贮，牛羊吃完饲用甜高粱的"营养餐"，肉奶的产量和质量双双提升。这让甜高粱受到国内不少畜牧企业的欢迎。同时，为了应对全球能源和环境危机，科学家们都在致力于探索和开发清洁的可再生能源，甜高粱又凭借其含糖量高、耐逆性强、生物量大、生长周期短的优势，成为目前公认的十分具有应用前景的可再生能源作物之一。也就是说，高粱或将从为人类提供粮食，转变为汽车、火箭的能量，在更广阔的天地间大显身手。

最后，我们不能忘却高粱的生长初衷——扎根贫瘠，哺育一方。面对全球气候变化多样性、水资源紧缺、热浪频繁等隐性气候问题，作为一种不可多得的保障粮食安全的"最强战士"，那个曾经从非洲走出的先锋作物，在不可预知的未来依然敢于亮剑，作为守卫地球粮食安全的一种底线作物。高粱，将会一直屹立在人类的希望田上。

高粱，永远是那个勇者，它总是尝试以颠覆者和挑战者的姿态迎接时代的挑战，并赢得属于自己的胜利。

参 考 文 献

丁延庆, 周棱波, 汪灿, 等, 2019. 酱香型酒用糯高粱研究进展 [J]. 生物技术通报, 35(5): 28-34.

李顺国, 刘猛, 刘斐, 等, 2021. 中国高粱产业和种业发展现状与未来展望 [J]. 中国农业科学, 54(3): 471-482.

李永寿, 1990. 高粱是酿制白酒的最佳原料 [J]. 酿酒(6): 1-4.

刘晨阳, 张蕙杰, 辛翔飞, 2020. 中国高粱产业发展特征及趋势分析 [J]. 中国农业科技导报, 22(10): 1-9.

刘大荣, 1988. 四川省高粱地方品种的酿造性能和优良品种分布 [J]. 西南农业学报(4): 91-93.

罗兰, 2021-09-07 [2021-09-07]. 高粱红了 [N/OL]. 人民日报海外版(8). http://paper.people.com.cn/rmrbhwb/html/2021-09/07/content_25877902.htm.

牧牧, 关山飞渡, 2021. 抗美援朝战争中的志愿军 [J]. 小哥白尼(军事科学) (9): 30-31.

潘瑞炽, 2001. 植物生理学 [M]. 北京: 高等教育出版社.

孙毅, HALLGREN L, 1988. 高粱籽粒果皮和种皮性状与单宁含量的关系 [J]. 华北农学报(4): 40-44.

唐三元, 谢旗, 2019. 高粱: 小作物大用途 [J]. 生物技术通报, 35(5): 1.

朱晓茵, 刘玉萍, 1994. 高粱单宁含量与粒色的关系 [J]. 国外农学 - 杂粮作物(2): 54-55, 31.

ANGLANI C, 1998. Sorghum for human food: A review [J]. Plant foods for human nutrition, 52(1): 85-95.

DICKO M H, GRUPPEN H, TRAORÉ A S, et al. , 2006. Sorghum grain as human food in Africa: relevance of content of starch and amylase activities[J]. African journal of biotechnology, 5(5): 384-395.

KHODDAMI A, MESSINA V, VADABALIJA VENKATA K, et al. , 2023. Sorghum in foods: Functionality and potential in innovative products[J/OL]. Critical reviews in food science and nutrition, 63(9): 1170-1186[2021-08-06]. https://doi.org/10.1080/10408398.2021.1960793.

PALAVECINO P M, CURTI M I, BUSTOS M C, et al., 2020. Sorghum pasta and noodles: Technological and nutritional aspects[J]. Plant foods for Human nutrition, 75(3): 326-336.

XIE P, SHI J, TANG S, et al., 2019. Control of bird feeding behavior by Tannin1 through modulating the biosynthesis of polyphenols and fatty acid-derived volatiles in sorghum[J]. Molecular plant, 12(10): 1315-1324.

第七章

豌豆

—— 它可不仅仅是李时珍笔下的

『柔弱宛宛』那么简单

学名：*Pisum sativum* L.

英文名：Pea

植物学分类：豆科豌豆属

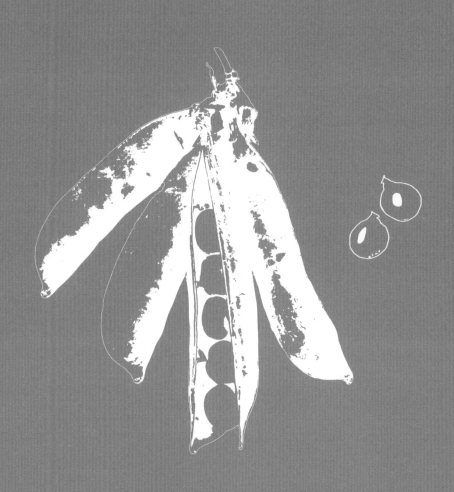

在《本草纲目》中，李时珍用爱怜的笔触记载了豌豆："其苗柔弱宛宛，故得豌豆名"。宛宛，描述的就是藤蔓弯曲盘旋、绕指柔般不甚娇弱的姿态，"宛"字加"豆"偏旁，便成了"豌"。

李时珍或许不会想到，他眼中这株柔美植物结出的小小果实，在丹麦童话作家安徒生的编排下，可以坚强到隔着20层"席梦思"硌着一位公主细腻的皮肤；可以在互联网时代的一款名为"植物大战僵尸"的电子游戏里，化身为铿锵倔强的主力射手；当然最厉害的还是醉心科学研究的奥地利传教士孟德尔苦心钻研8年，最终带领人类走出混沌，推开了遗传学的神奇大门。

那个曾"宛宛类卿"的豌豆，活出了"刚"的一面。

既"经适"又"独立"

好吃、营养又好种，在漫长历史的田间大舞台中，豌豆，一直是那颗"性价比之星"。

豌豆很早就登上了人们的餐桌。6 000年前，尼罗河三角洲一带便有了豌豆的踪迹。凭借生长期短和豆科植物可以自己准备氮肥的优势，贫瘠的土地也不能阻挡豌豆高产的"小宇宙"，这使得豌豆成为中世纪欧洲抵御大灾荒的重要防线。

豌豆传入中国的具体时间不详，有考古证据表明距今4 000年前后，豌豆可能已经传播到甘肃境内，成为当时先民的重要食物。与只知道吃豌豆籽粒的中世纪欧洲人不同的是，擅于种菜更热爱烹饪的中国人，发明了豌豆苗、豌豆尖、豌豆荚、豌豆黄多种吃法，让豌豆从头到脚，以及它从发芽到生长、从开花到成熟的一生都充满意义。

豌豆营养价值丰富，含有 60％～65％ 的碳水化合物，23％～25％的蛋白质，少量脂肪，丰富的维生素和对人体有益的微量元素。此外，豌豆淀粉和豌豆蛋白还具有一定的营养保健作用。

先来看豌豆淀粉，它是豌豆籽粒干物质中含量最多的成分，与谷类作物和薯类作物的淀粉相比，豌豆淀粉颜色洁白、质地较细，且直链淀粉含量较高。Q 弹的凉皮、滑溜的粉丝都少不了豌豆淀粉的强势"加盟"。另外，豌豆淀粉还可以加工成抗性淀粉。你可能要问了：淀粉就是淀粉，什么叫抗性淀粉呢？原来我们每天都需要摄入的淀粉也是分类型的，根据消化的程度可以分为快速消化淀粉、缓慢消化淀粉与抗性淀粉。抗性淀粉相较于其他淀粉难降解，在体内消化缓慢，吸收和进入血液都较缓慢，因而对于控制血糖有一定的功效。

除了豌豆淀粉，豌豆蛋白同样优秀，是蛋白质中的佼佼者，它含有丰富的必需氨基酸（如赖氨酸），比例相对均衡，属于全价蛋白质，比谷类作物的蛋白质更接近人体需要，也是替代动物蛋白的首选植物蛋白。

我国有食用仿荤素食的传统，比如腐竹和大豆发酵食品等植物肉，用原材料大豆做出纯素食的"肉"。现在，添加了大豆蛋白制成的火腿肠，在市场上也颇受欢迎。今天，植物肉 COS[①] 真正肉制品的技艺渐渐

① 日本人率先将 Costume 和 Play 合二为一，独创了 Cosplay 这一词语，用来特指真人对 ACG（Animation、Comic、Game 即动画、漫画、游戏）作品中的角色和人物进行扮演和模仿的游戏，简称 COS。Cosplay 的中文译名主要有"服饰扮演""角色扮演""真人秀"，其中"角色扮演"使用最为普遍（马中红，邱天娇，2012. COSPLAY 戏剧化的青春［M］. 苏州：苏州大学出版社）。

炉火纯青，其中一个原因，就是豌豆蛋白正取代大豆蛋白成为植物原料新宠。更高的营养价值、优质的产品性能，产量高、对环境要求低、可持续等特性，助力豌豆蛋白在食品、饮料行业的应用越来越广。

刚刚介绍了豌豆的"经适属性"，下面我们再看看它的"独立风采"。

豌豆的壮大繁衍，并不需要"假手于它豆"，它自己就可以搞定。

在豌豆眼里，大约是看不上"招蜂引蝶"这种讨好招数的。即便自己的同族兄弟姐妹——豆科蝶形花亚科植物的花朵们，大多数都得依靠最大最明艳的旗瓣和散发的香气，来吸引蜂蝶的青睐，甚至还在花朵下方进化出两片龙骨瓣，方便蜜蜂降落时踏脚，可谓为"传宗接代"而用心良苦。

两性花的花粉，落到同一朵花的雌蕊柱头上的过程，叫作自花授粉。豌豆的花便是两性花，雌蕊的柱头和雄蕊的花药几乎挨在一起，在开花前，雄蕊的花粉就落到靠在一起的雌蕊柱头上，完成了自花传粉的过程。所以，豌豆开花，似乎只是一场绽放美丽的自我表演，对蜂蝶这些中间商一般的"花粉搬运工"，完全可以摆出一份"你爱来不来"的酷酷姿态。

中国的"荷兰豆"，荷兰的"中国豆"

80后、90后在童年时可能都会通过一款膨化零食认识到"荷兰豆"，便以为这种绿色的、扁扁的豆科植物来自遥远的荷兰。奇特的

豌豆

Pisum sativum L.

是，这种豆子在荷兰又被叫作"中国豆"。这种看似两个国家"谦让式取名"的背后，其实是一粒种子漂洋过海、兜兜转转的旅程见证。

有一种说法是，大概在17世纪，荷兰的海上舰队非常强大，经常从各地搜集各种产品，四处贩卖，且最早荷兰豆的种子，就是荷兰人从泰国和缅甸那边引进到中国的，所以大家都叫它"荷兰豆"。

在中国南方，很多地区也叫它"牙兰豆"。这种豆子被中国人从荷兰人手上引进后，因为适合当地环境而被广泛种植，甚至从中国大批出口，所以它又被很多国家叫作"中国豆"或者"中国雪豌豆"（Chinese snow pea）。

事实上，"荷兰豆"也是豌豆，属于豆科、蝶形花亚科、豌豆属。荷兰豆的特殊之处在于，它是最早被人类发掘的可以吃豆荚的豆类之一，在它之前的大部分豌豆都只能吃豆荚里的豆子。荷兰豆的口感非常好，营养也比较丰富。但是需要注意的是，荷兰豆里含有皂苷和血球凝集素，所以烹饪的时候一定要彻底煮熟，否则容易发生"食物中毒"。

市面上豆子的种类越来越多，豌豆、青豆、荷兰豆……这些长得差不多的绿色豆子该怎么区分？其实豌豆、青豆、荷兰豆，全是一种豆。一开始人们主要食用的豌豆是"硬荚豌豆"，这种豌豆的豆荚特别硬，主要吃里面的豆子，我们平时常吃的"蒜香青豆"，大部分使用的就是这类青豌豆。由于人们习惯将青豌豆简称为青豆，所以时常会跟另一种绿色的豆子弄混，那就是我们常说的毛豆，也叫"青大豆"，它是还未成熟的大豆 [*Glycine max*（L.）Merr.]。它俩虽然都是青绿色的小圆豆，但只要仔细观察它们的形状，还是很容易分辨的，青豌豆更加圆，而青大豆则多为椭圆形，且形状偏扁。后来经过选育，出现了"软荚豌豆"，这类豌豆豆荚内层的"保护膜"消失，使得口感变得更嫩，可以连同豆荚一起食用，这就是我们平时常吃的荷兰豆了。

豆子和豆荚都能吃了，人们又将注意力转移到了豌豆的其他部分上。豌豆是种攀缘草本植物，所以种植豌豆是要搭架子的，为了攀缘而不断长出的卷须和新叶细嫩透光，也就是李时珍笔下那"宛宛"的姿态，看起来也秀色可餐，于是很快豌豆尖也走进了人们的食谱中，有些地方还根据造型，为豌豆尖的出道取好了艺名：龙须菜。

随着芽菜消费的兴起，刚发芽的豌豆也逃不过吃货们的筷子。与黄豆和绿豆的发芽不同，豌豆的子叶不跟着出土，而且人们在收割豌豆苗时不会带上下面的豆子，所以豌豆苗的口感更加清脆，而且没有太多豆子的"腥味"，即使不爱吃豆子的人也可以接受。

孟德尔的豌豆属于全人类

和很多作物一样，豌豆曾经存在的全部意义，就是人们碗里的一口果腹之物。直到生物学家孟德尔的出现——他改变了豌豆，甚至人类的命运。孟德尔在庭院里种下的小小豌豆，孕育了遗传学的破土而出，随即又在科学的世界里开枝散叶，成长为遗传研究最经典的模式植物。

那是150多年前的一天，像牛顿突然对落下的苹果起了好奇，孟德尔也对手里的豌豆突然也生出探索之心：为什么豌豆有黄有绿？为什么有的表皮光滑有的表皮粗糙？造物主赋予豌豆差异的密码究竟在哪儿呢？

他开始进行试验，把豌豆播种在修道院的花园里，在豌豆"自主授精"之前，他抢先一步去除了花粉中的雄蕊，按照自己的设计给花朵人工授粉。

接下来的试验结果也十分有趣：凡是用了黄色豌豆的花粉和雄蕊，结出的便是黄色豌豆；光滑豌豆和皱皮豌豆杂交，结出的又都是光滑的豆子。孟德尔又把这些"二代豆"（黄豌豆＋光滑豆）再次播种，收获的"三代豆"里竟然有了绿色豆，并且绿色豆和黄色豆的比例是 1：3。也就是说，在"二代豆"中绿色豆和皱皮豆虽然消失了，但"绿色"和"皱皮"的属性仅仅是被黄色和光滑粒暂时压制住了，到了第三代，它们又显现了出来。

孟德尔终于弄明白了造物主暗藏在豌豆内部、导致个体差异的密码——也就是我们今天非常熟悉的名词：基因。

随后，孟德尔持续对豌豆的 7 个性状进行研究，后期的科学家又根据他的试验，发现了隐性遗传、显性遗传的奥秘，并从中总结出了遗传学三大定律中的前两大定律：基因分离定律和基因自由组合定律，为现代遗传学奠定了理论基础。

可以说，豌豆为伟大的遗传学试验和生物学试题做出的突出贡献，令它几乎与生物课本与遗传学教材打包出现，每一个学过高中生物的成年人都不会忘记那曾经被"绿圆黄皱红白花"计算题支配的恐惧。

但更应该说，孟德尔通过豌豆杂交试验开创的遗传学学科，让人们对于大自然那些曾经如此神奇诡谲而不可解释的安排不再欲言又止、讳莫如深，真正找到了决定生命现象的本质。虽然，孟德尔的研究发现在其有生之年并未得到重视，直到他去世 16 年、理论公布 34 年以后才为世人重新发现。或许也曾失落不甘，但是孟德尔很快调整心态投入了新的研究工作，毕竟他只是在做一件自己认为正确并且热爱的事情……除了著名的豌豆试验，孟德尔还在植物学、昆虫学、气象学等多个领域默默耕耘，就像所有坚守自身岗位的普通人一样，平凡而勤勉，甚至在他生命的最后一个月里，依然在用颤抖的手输入气压和温度数据。

"虽然我的生命里有过很多悲苦的时刻，我必须充满感激地承认生活中美好的一面。我的科学研究工作给我带来了太多的开心和满足，而且我确信我的工作将很快得到全世界的承认。"是啊，正如孟德尔去世前和他的继任者弗朗茨·巴里纳（Franz Barina）神父所总结的那样，科学家的快乐永远只是如此简单。

参 考 文 献

《分子植物育种》编辑团队，2021. 荷兰豆［J］. 分子植物育种，19（12）：4182.

利梓淇，2021. 荷兰豆传入中国初探［J］. 农业考古（4）：161-165.

刘荣，杨涛，黄宇宁，等，2020. 豌豆及其野生近缘种种质资源研究进展［J］. 植物遗传资源学报，21（6）：1415-1423.

商周，（2021-10-25）［2021-10-25］. 孟德尔作出豌豆实验，是因为幸运吗［EB/OL］. https://mp.weixin.qq.com/s/uLMU6wQbSC9z_1uv0Noj8A.

商周，（2021-11-18）［2021-11-18］. 豌豆之外，孟德尔的其他研究如何［EB/OL］. https://mp.weixin.qq.com/s/eF_qey2t-wPnU4ZTDXf8fw.

索尔·汉森，2017. 种子的胜利：谷物、坚果、果仁、豆类和核籽如何征服植物王国，塑造人类历史［M］. 杨婷婷，译. 北京：中信出版社.

张守文，程宇，2014. 豌豆的营养成分及在食品工业中的应用：有待进一步深入开发的食品配料［J］. 中国食品添加剂（4）：154-158.

中国农业百科全书总编辑委员会农作物卷编辑委员会，1991. 中国农业百科全书 农作物卷 上、下［M］. 北京：中国农业出版社.

KREPLAK J，MAGOUI M A，CÁPAL P，et al.，2019. A reference genome for pea provides insight into legume genome evolution［J］. Nature genetics，51（9）：1411-1422.

第八章

油菜籽

——了不起的『加油站』

学名：*Brassica napus* L.

英文名：Rapeseed

植物学分类：十字花科芸薹属

油菜籽有多小？十个油菜籽合起来才有绿豆粒大小，然而这种不起眼的油菜籽竟蕴含着丰富的高能油脂。在人类的悉心选择培育下，原本以茎叶为人所用的油菜，仿佛被打通了"任督二脉"一般，被激发出了潜藏在体内的结籽"超能力"，摇身一变成了一株专门榨油的作物，并且"榨"出了一个惊人的产业。

芸薹属混乱的一家子

大白菜、小青菜、油菜、包菜、花菜、苤（piě）蓝、芥菜、西兰花、大头菜、雪里蕻（hóng）、榨菜，这些作物五花八门、形态各异，它们大多作为蔬菜出现在我们的餐桌上，或是作为油料榨油，或者腌制成咸菜，它们虽然身份不同，但都有着共同的祖先，它们都属于十字花科芸薹属这个大家庭。

十字花科是一个古老而有趣的植物类型，其花器结构保守而规整，花瓣呈十字形排列，两边对称，果实为2片心皮包裹的角果。十字花科中最重要的属是芸薹属，大多数为一年生草本植物，也有多年生草本植物和小灌木，在世界各地都有分布，地中海和中东地区是公认的芸薹属植物近代分布和分化的中心。在中国也大量分布着许多野生种和变种。

芸薹属植物在遗传学和形态学上表现出丰富的多样性。早期的遗传分析表明，芸薹属植物分有 3 个基本种：白菜型油菜（AA，2n=20）、甘蓝（CC，2n=18）和黑芥（BB，2n=16）。3 个基本种经过长期的相互杂交，经染色体自然加倍，演化形成了 3 个复合种：埃塞俄比亚芥（BBCC，2n=34）、芥菜型油菜（AABB，2n=36）和甘蓝型油菜（AACC，2n=38），这是由著名农学家禹长春提出的"禹氏三角"，它直观地反映了芸薹属几个物种之间的亲缘关系。芸薹属植物的根、茎、叶、花蕾和种子都可食用，如类似于萝卜的芜菁（又叫大头菜）、榨菜等都是利用根茎的作物，而当今种植面积最大的当数作为蔬菜的白菜、甘蓝，以及它们的杂交复合种，主要取其种子榨油的甘蓝型油菜。

种子是植物的"胎儿"，为了后代生长发育准备充足的营养，植物体在老熟枯死过程中，把自身全部的营养物质都供应给了种子，比如以淀粉、蛋白质、油脂、维生素等形式贮存于种子中。也有一些植物，它们的种子很小，在成熟过程中，将淀粉进一步浓缩转化成能量更高的油脂和蛋白质，这就为人类大量利用植物油脂提供了方便。芝麻、油菜就是这类作物。

油菜是世界四大油料作物之一，也是中国四大油料作物之一。中国是世界最大的油菜生产国之一，种植面积和产量均占世界的 1/4 左右，菜籽油占国产植物油的 50 % 左右。从东部沿海、到四川的长江流域是世界上最重要的油菜产业带，每年春天上亿亩的油菜花成为农民兄弟献给人们最壮观的大地艺术。

"中国菜油"是如何"炼"成的

看到这个标题请不要误以为是说中国菜籽油的压榨工艺怎么样，而是说中国油菜作为重要的食用油产业发展走过了漫长的路。

我国是最早栽培油菜的国家之一。油菜我国古称芸薹、油辣菜、胡蔬、旋芥、寒菜等。早期人们种植油菜是作为蔬菜食用，主要是吃它的叶片和蕾薹，魏晋时期人们才开始发现并挖掘菜籽的榨油价值，从此开始了将该物种分别向油用作物和菜用作物2个方向选择，分枝多、产籽量大的变成了现在的油菜，而叶片肥厚、株型较矮的继续担当蔬菜的角色，如现在的大白菜、青菜等。

油菜家族分芥菜型、白菜型和甘蓝型3种类型。芥菜型和白菜型都是中国土生土长的菜种。芥菜型耐旱耐瘠耐寒性强，适宜西北和西南的山区种植。白菜型油菜又分为2类：一种是北方小油菜，原产中国北部和西北部；另一种是南方油白菜，起源于中国中部和南部，尤其是长江流域一带。甘蓝型油菜是来自欧洲的外来油菜品种，这种甘蓝型油菜比我们本土油菜产量高很多。

油菜在我国始种于西北地区，大约在青海、甘肃、新疆和内蒙古一带。在距今8 200年前的中国甘肃秦安大地湾一期遗址，就曾发现过已经炭化的油菜籽。以青海高原为主体的中国西部地区今天仍是野生油菜、原始类型油菜的集中分布地区。油菜喜凉耐寒，有冬油菜、春油菜之分。冬油菜秋种春收，春油菜春种秋收。

在魏晋之前，人们主要食用动物油脂，植物油主要用于助燃、点灯，多用于战争火攻。魏晋之后人们开始食用芝麻等植物油。唐代人们发现，植物油除了可以食用还可以美发。宋代以后，中国重心南移，城市酒楼林立，烹饪技术得到飞速发展，对各类油脂的需求不断扩大，开始把油菜作为继芝麻之后重要的油料作物来种植。北宋苏颂《图经本草》载："（油菜）出油胜诸子，油入蔬清香，造烛甚明，点灯光亮，涂发黑润。饼饲猪以肥，上田壅苗堪茂，秦人名菜麻，言子可出油如芝麻也。"油菜最先在长江流域得到广泛种植。"自过汉水，菜花弥望不绝，土人以其子为油。"由于油菜较芝麻产量高，特别是冬油菜的引进使油菜成为唯一可以利用冬闲田地，在冬季生长的油料作物。明清时期油菜开始被大规模种植，取籽榨油食用，菜籽油逐渐成为我国主要食用油之一。此外，油菜本身具有良好的肥田固土功能，在南方还把油菜作为与水稻茬口相配套的养地作物。

新中国成立以来，我国油菜生产先后完成了 3 次革命性飞跃：第一次飞跃是 20 世纪 60—70 年代，我国从欧洲引进甘蓝型油菜，取代低产的白菜型、芥菜型油菜；至 80 年代，以中油 821、宁油 7 号为代表的油菜品种，使菜籽单产增加了近一倍；第二次飞跃则是八九十年代，我国科学家研究杂交油菜取得突破，以秦油 2 号为代表的第一代杂交油菜大面积应用，油菜单产再上一个台阶。

油菜杂种优势的利用，与袁隆平院士的杂交水稻一样，是中国人的伟大发明。我国油菜育种家傅廷栋院士在国际上首次发现了波里马油菜细胞质雄性不育，开创了油菜杂交育种的先河，世界各国开始利用该材料进行广泛的油菜杂交育种。1985—1994 年，加拿大、澳大利亚、中国和印度等国共审定（注册）了 22 个油菜三系杂交种，在 17 个注明不育系来源的品种中，就有 13 个是利用"傅氏波里马"育成的。同时，我国针对传统油菜中芥酸、硫苷含量高，影响油的品质和饼粕的开发利用问题，引进国外双低品种，进行品质改良，育成了一批双低油菜品种，实现了油菜品种的双低化。进入 21 世纪，我国将双低品质与杂交油菜相结合，育成了"双低"高产杂交油菜，使油菜的产量和品质均上了一个台阶，进一步奠定了我国油菜生产大国的地位基本实现了油菜生产由高产到优质高产、由单纯注重产量向产量与质量并重的第三次飞跃。

为人们的美味、健康"加油"

在博大精深的中华美食文化中，"油"有着非常重要的地位，"柴米油盐酱醋茶"，件件都不是小事。油，不仅是调味，而且是人体 70％的脂肪来源。

油脂是高能量物质，是人体必需的组成物质。而且油脂也是烹饪的香味调味品，增添人们对食物的美味感和饱腹感。动物油脂富含饱和脂肪酸，多食易造成人体肥胖，引发高血脂、高血压等多种心血管疾病。植物油脂以不饱和脂肪酸如油酸、亚油酸等为主，而且含有多种人体必需的脂溶性维生素，成了人们的重要选择。

在我国，自元明以来种植油菜主要是为了收获大量的菜籽榨油，而且榨出的菜籽油绝大部分上了人们的餐桌。即使现在菜籽油的用途被广泛开发后，其食用仍达到 90％，成为我国最重要食用油品种之一。在我国北方，人们以豆油、花生油为主，但到了南方，人们更喜欢菜油的清香，尤其是四川人对菜籽油情有独钟。

人类对油脂的追求一开始并非因为营养，而是它的香味，一些原本无味的菜蔬食品因为有了油脂的香味，大大增进了人们的食欲。有人说，现在植物油如花生油、豆油、菜籽油没有以前的香味浓，这是有可能的。因为以前人们生产的植物油都是采取传统物理压榨的方法，保留了各种维生素营养和天然香味，而现在的植物油生产多采用压榨加溶剂浸取的方法，且经过了更多道精炼加工工序，由于高温和化学作用，香味也比原先压榨油淡了许多。不过现在的精炼油，去除了油脂中的一些有害物质，对人体更加健康。

菜籽油在发展过程中其品质问题曾受到人们的质疑。尽管菜籽油在人体中的消化率平均能达99%，为所有植物油中最高者，但传统的菜籽油中含芥酸较高，不利于人体营养与健康，同时亚油酸和油酸等人体必需脂肪酸含量较低，导致高芥酸菜籽油的营养价值低于大豆油等植物油。随着低芥酸油菜育种的发展，低芥酸或"双低"油菜品种的芥酸含量降到3%以下，油酸含量已由20%左右上升到60%左右，亚油酸含量也上升到20%左右，并含有一定量的亚麻酸，至此低芥酸菜油的脂肪酸组成与茶籽油等相似，成为最营养健康的大宗食用植物油之一。

进一步分析菜籽油的构成，人们发现菜籽油中含有多种维生素，如维生素A、维生素D和维生素E，是人体脂溶性维生素的重要来源。菜油中维生素E含量丰富，达600毫克/千克，尤其是甲型维生素E含量高达132毫克/千克，为大豆油的2.58倍，而且在长期储存和加热后减少不多，可作为食品中维生素E的来源。菜油中的植物甾醇含量也较豆油等常见植物油更高，且种类繁多，有些甾醇还具有特殊的生理功能。

当然，人体需要油脂，但并不是越多越好。食用油摄入过量会导

致肥胖及相关多种慢性疾病发生。《中国居民营养与慢性病状况报告
（2020）年》显示，我国居民家庭人均每日烹调用油达43.2克，超过
1/2的居民高于30克每天的推荐值上限。因此，用油一定要适度，重
在"膳食平衡"。

菜粕是油菜籽通过预压浸出工艺榨油的副产物，含有丰富的蛋白
质，粗蛋白含量在33%以上，粗纤维含量10%～13%，但也含有较
多的抗营养因子，比如单宁、芥子碱、植酸、硫代葡萄糖苷（硫苷）
等，以前只能作为少量的饲料添加物，随着"双低"优质油菜的大面
积种植，也为菜粕的饲料化利用打开了新的空间。

为机器加油，为新能源加油

虽然中国、印度等地区食用菜籽油历史悠久，但是欧美人民大规
模接纳菜油成为食用油的历史则相对短了许多。在欧洲，油菜被作为
油料作物的历史至少可以追溯到13世纪，不过那时候人们收集菜籽并
不是为了吃，而主要是为了照明与制作肥皂。16世纪开始，虽然菜籽
油仍然还是主要作为一种理想的灯油燃料在欧洲民间广受认可，但关
于菜籽油的食用已经变得有迹可循。根据一位捷克作家的记录，菜籽
油在大斋节① 期间被视为一种不错的油脂来源。在德国莱茵兰地区，菜

---

① 大斋节（Lent），也称"封斋节"。基督教的斋戒节期。据《新约圣经》载，耶
稣于开始传教前在旷野守斋祈祷40个昼夜。教会为表示纪念，规定耶稣复活节前的
40天为此节期（任继愈，2009.宗教词典［M］.上海：上海辞书出版社）。

欧洲油菜

Brassica napus L.

籽油作为橄榄油的廉价替代品，开始进入穷苦百姓的厨房。到了18世纪，轰隆作响的蒸汽机带来了第一次工业革命，使人类由200万年来以人力为主的手工劳动时代进入了近代机器大生产的蒸汽时代。菜籽油可以说是积极完美地融入了浩浩荡荡的工业洪流之中，除了满足工厂出现后人们更加旺盛的照明需求外，"一种性能优越的蒸汽机润滑油"的新身份让它在工业界一时风头大盛。不过好景不长，从19世纪末期开始，随着汽油、煤气在照明上的应用，以及殖民地廉价油料的冲击，菜籽油的市场空间遭到了严重挤压。这种低迷的市场行情一直持续到了第二次世界大战爆发，由于战时资源紧缺，不得已的欧洲人才开始接纳菜籽油成为食用油。直到这时，经历了几番起伏的菜籽油总算是在欧洲人的厨房里有了一席之地。

说到推动西方世界欣赏接受菜籽油，还有一个不得不提的国家，那就是加拿大。1936年，由于二战期间油料物资紧缺，油菜凭借其强大的适应能力，自波兰被引种至加拿大补充本国的油料供给。正所谓时势造英雄，菜籽油在艰苦的战争年代再一次被委以重任，成了船用发动机润滑油的不二之选。但是战争终将结束，英雄也有谢幕的一天，和平年代的加拿大人民面对着广袤的油菜田和大量的菜籽油加工厂，开始考虑能不能像中国一样把它变成食用油。但是，油菜籽中的芥酸成为菜籽油食用化的最大障碍。为此，加拿大于20世纪50年代末率先启动了低芥酸、低硫苷优质"双低"油菜育种研究，并在70年代相继成功选育出了一批适合食用的"双低"油菜品种。这些油菜品种的芥酸含量低于3%，硫代葡萄糖苷含量小于每克30微摩尔。1978年，加拿大油菜籽协会决定将这些双低油菜品种统一命名为Canola，从此加拿大油菜籽成了享誉世界的品牌，加拿大也随之发展成为世界最大的油菜籽出口国。

另外，加拿大也是全球最大的转基因油菜生产国。1995 年，加拿大开始商业化种植转基因抗除草剂油菜，其后种植面积逐年增加，目前已经占到了油菜总面积的 90 % 以上。转基因抗除草剂品种的推广应用，极大地提高了油菜的生产效率。

进入 21 世纪，全球性能源危机日益加剧，寻找有效的替代性能源迫在眉睫。科学家发现，双低菜籽油脂肪酸组成多为 C_{16}～C_{18} 脂肪酸，碳链组成与石化柴油极为接近。就这样，作为新能源理想的"加油站"，菜籽油又重新回到了曾经给它带来过辉煌的工业赛道，被加拿大、澳大利亚、韩国、德国、法国等国确立为优势生物柴油原料。近年来，欧盟等地区运用菜油生产生物柴油工业迅速发展，菜籽油的工业需求势头持续强劲。根据相关数据显示，2016—2020 年，欧盟菜籽油工业消费占比达到 75 %。

会移动的人工花海

油菜籽在为人们提供油料产品的同时，但你不要忘了，在油菜籽形成之前，金黄的油菜花还是人们争相奔赴的花海乐园。在我国从南到北，油菜花渐次开放，先是冬油菜区、后是春油菜区，就像一个会移动的花海，以其独有的明媚与绚烂吸引了无数游客。

2 月，油菜花从热带地区越过北回归线，来到北纬 25° 以南的闽南、两广和滇南地区的南亚热带。广东的英德沙口镇种植的油菜，是我国大陆最南端的一片油菜花海。云南的罗平种植了近百万亩油菜，金黄色的田野上，点缀着喀斯特小山丘，优美壮观，如诗如画，2002年被上海吉尼斯总部授予"世界最大的自然天成花园"。贵州境内多为喀斯特山地梯田，安顺的油菜花以"立体多层、起伏跌宕"著称，由高处远眺，金黄色、翠绿色，黑褐色的线条，构成了一幅幅图案奇异的彩色"挂毯"。

3月，油菜花推进到四川盆地和长江中下游地区。这条分布在北纬30°附近，东西长达2 000千米的油菜花带，占我国油菜种植面积的80％以上，也是世界上最大的油菜生产带。在长江一线，江西婺源群山环抱，蓝天碧水，在葱绿的绿色掩映下，粉墙黛瓦的明清古建筑点缀在广阔的油菜花丛中，如同一幅泼墨丹青。江苏兴化里下河地区，水网密布，千岛垛田上的油菜花飘浮在纵横田间的水上，愈加风姿绰约，充满灵气。一个油菜花季可吸引上百万人前来观光。

3月中旬，油菜花可抵达秦岭淮河一线，汉中平原一片金黄，陕西汉中南郑区数十万亩油菜花同时绽放，声势夺人。4月初，油菜花到了黄河中下游地区，这也是冬油菜的最北端。

5月初，当华北平原的冬油菜收割殆尽，中温地带的春油菜才刚刚播下。6月底，新疆昭苏大草原上百万亩油菜花在天光云影下盛装亮相，与天山遥相辉映。7月初，内蒙古呼伦贝尔的油菜花就像金色草原，在蓝天白云下广袤无垠地展开了。7月中旬，大片的油菜花在长城脚下蔓延，让沧桑的古长城显得生机勃勃。与之同时，青藏高原东北边缘海拔3 000米的门源，连绵百里的油菜花与青葱的草坡、银白的雪山交相辉映。8月初，海拔更高的青海湖一带，浓艳的黄花，紧围着青海湖大半圈湖岸，在高原深蓝的天空下，繁花金黄一片，镶嵌在湛蓝的青海湖边，无边无际。菜花金黄，湖水湛蓝，雪峰素洁，一年的油菜花事在这最接近天穹的高原上谢幕了。

油菜还是重要的蜜源植物。油菜花泌蜜量大，油菜蜜浅琥珀色，具有油菜花香味，食味甜润，是最普通的大众蜜品。因此，每年长达半年的油菜花季，也是养蜂人追梦的地方。当然，蜜蜂采蜜，菜籽生产也有意外的收获，可以明显提高油菜籽的产量。

TIPS：

现代菜籽油的压榨工艺是将菜籽经过清理、软化、轧坯、蒸炒等流程后，用压榨法或浸出法制得毛油（不能直接食用）。菜籽油加工时，一般先压榨取油，压榨后的饼粕通过浸出再取油。菜籽毛油经脱胶、脱脂、脱杂和脱水后，成为可以食用的四级成品菜油，再经过脱酸、脱臭、脱色等精炼后，成为精炼油，大多为一级油进行小包装销售，少数为二级和三级菜籽油。

参 考 文 献

邓乾春, 李文林, 杨湄, 等, 2011. 油料加工和综合利用技术研究进展 [J]. 中国
农业科技导报, 13（5）: 26-36.

高成鸢, 2005. 论中国烹饪用油史的文化意义 [C] // 中国食文化研究会 . 食文
化: 提高企业竞争力的重要途径: 2005 食文化与食品企（产）业发展高层论
坛论文集 . [出版地不详] [出版者不详]: 229-233.

韩茂莉, 2012. 中国历史农业地理 [M]. 北京: 北京大学出版社 .

韩茂莉, 2016. 历史时期油料作物的传播与嬗替 [J]. 中国农史, 35（2）: 3-14.

黄林纳, 2009. 我国主要油料作物及植物油的起源与发展史 [J]. 信阳农业高等
专科学校学报, 19（4）: 127-129.

刘后利, 1984. 几种芸薹属油菜的起源和进化 [J]. 作物学报（1）: 9-18.

罗桂环, 2015. 中国油菜栽培起源考 [J]. 古今农业（3）: 23-28.

沈金雄, 傅廷栋, 涂金星, 等, 2007. 中国油菜生产及遗传改良潜力与油菜生物
柴油发展前景 [J]. 华中农业大学学报（6）: 894-899.

王汉中, 2010. 我国油菜产业发展的历史回顾与展望 [J]. 中国油料作物学报,
32（2）: 300-302.

王龙俊, 张洁夫, 陈震, 等, 2020. 图说油菜 [M]. 南京: 江苏凤凰科技出版社 .

萧春雷, 2009. 油菜花: 漫长的花季 [J]. 中国国家地理（6）: 32.

BELL J M, 1982. From rapeseed to canola: A brief history of research for superior
meal and edible oil [J]. Poultry science, 61（4）: 613-622.

CABALLERO B, TRUGO L, FINGLAS P, 2003. Encyclopedia of Food Sciences and Nutrition: Volumes 1-10［M］. Amsterdam , Netherlands: Elsevier Science BV.

DAUN J K, ESKIN N A M, HICKLING D, 2011. Canola: chemistry, production, processing, and utilization［M］. Urbana, IL, USA: Academic Press and AOCS Press.

GUPTA S K, PRATAP A, 2007. History, origin, and evolution［J］. Advances in botanical research, 45: 1-20.

第九章

花生

——虽然不好看，可是很有用

学名：*Arachis hypogaea* L.

英文名：Peanut, Groundnut

植物学分类：豆科落花生属

花生会在花瓣凋落之后将子房伸入地下结出种子，因此又叫落花生。许地山先生（1893—1941 年）曾在他传世名篇《落花生》中说道："要像花生一样，它虽然不好看，可是很有用。"花生确实是很有用的，煮粥、煲汤、下酒、西点、炒货样样在行，榨出的油还能用于食用、化工、军工等许多方面，不过保存不当的花生易含有毒素，食用需谨慎。

国人对于花生的爱放到全世界也是数一数二的。老舍先生曾写道："我是个谦卑的人。但是，口袋里装上四个铜板的落花生，一边走一边吃，我开始觉得比秦始皇还骄傲。"吃花生俨然是平常人家、市井生活的最佳注解，说是融入了中国百姓享受红尘的生活态度也不为过。2019 年，中国花生消费量达到了人均 8.6 千克，是牛羊肉消费量的两倍还多。花生在我们的生活中如此常见，但实际上，花生在世界范围流行起来，仅仅是最近 100 多年的事情。

花生的传播之路：便宜的零食

根据一般观点，花生起源于南美洲的秘鲁、阿根廷、玻利维亚等地，可以追溯到 7 600 年前。如今我们食用的花生的祖先，是在 4 000～6 000 年前，由 *Arachis duranensis*（园艺中常用的蔓花生）和 *Arachis ipaensis* 2 个品种在阿根廷北部发生自然杂交并加倍后所形成的。

纵观花生的历史，它一直走的都是朴实无华接"地气"的路线。

起初，美洲土著将花生当成一味方便的零食，随着地理大发现时期欧洲、非洲、美洲的文明碰撞交流，花生被带到了欧洲和非洲。欧洲对花生最早的记载见于西班牙史学家冈·费·德·奥维多 1526 年出版的《西印度博物志》。不过在当时的欧洲，花生除了流行于黑奴，只有穷苦人家的妇女儿童才会经常食用。

也许是命运的巧合，兜兜转转，传入非洲的花生在西非形成了一个新品种，于 18 世纪又传回了北美，成为如今美国花生的主要品种。但在南北战争之前，它依然没得到重视——当时美国种植最多的经济作物是棉花，而花生，只是种植园中黑奴之间流行的零食。谁会对奴隶的食物感兴趣呢，就像一个日进斗金的大富商怎么可能把五毛一包的辣条当饭吃呢？直到今天，英语中的花生"peanuts"一词，在俚语中还有廉价、便宜的含义，映射着那段曾被"轻视"的历史。

另一边，大约 16 世纪，花生由欧洲传入南亚，开始向东亚传播。国内目前较为公认的对花生最早的文字记载见于 1503 年《常熟县志》："落花生，三月栽，引蔓不甚长，俗云花落在地，而子生土中，故名。霜后煮熟可食，味甚美香"。在中国，花生的地位似乎提高了一些，从祖辈赋予它的名字即可窥得一斑：落花生、长生果、长果等数十个别名。大约是当时的医者发现，花生除了可以对人体滋补营养外，还具有广泛的医疗益寿作用。17 世纪，花生继续向东北方向传入日本，又被称为"南京豆、唐人豆"等。

中国本土是否有花生起源很难考证，尽管 20 世纪在浙江杭州水田畈和吴兴钱山漾新石器遗址中出土了几颗疑似炭化的花生，但这只是使得中国花生种植情况变得扑朔迷离，学界众说纷纭罢了。

《落花生》的启发：虽然不好看，可是很有用

小学时，我们学过许地山先生的作品《落花生》，文章里父亲和孩子们说："你们看它（花生）矮矮地长在地上，等到成熟了，也不能立刻分辨出来它有没有果实，必须挖起来才知道。"的确，花生的果实就是那么低调，它确实不像桃子、石榴、苹果那样，"把鲜红嫩绿的果实高高地挂在枝头上"，而是用一种"地上开花，地下结果"的方式默默酝酿果实。

花生的花是蝶形花，开花前就完成了闭花授粉。当花朵凋零后，花生也开始了自己的孕育工作：授粉后四五天，子房基部就开始伸长形成子房柄（果针），向地生长；果针顶开松软的土地，周围的茸毛开始吸收土壤的水分和无机盐，同时接收植物地上部分运输来的有机营养；最后，果针尖部在黑暗的地下逐渐膨大和孕育果实。如果土地过于坚硬，果针不能充分深入地下，花生果实就不能进行充分的生长，甚至无法结果：这也是人们把花生称为"落花生"的原因。

花生必须入土才能结果吗？科学家做了个实验，针对授过粉但尚未钻入地下的果针，用黑纸袋包起来一半，另一半分暴露于阳光下。过了一段时间，包以黑纸袋的果针全部发育成果实，而暴露在阳光下的果针没有发育，可见花生的果针需要在无光条件下才能发育成果实。

再次品读《落花生》散文的动容之处，在于一家人品评着世间一

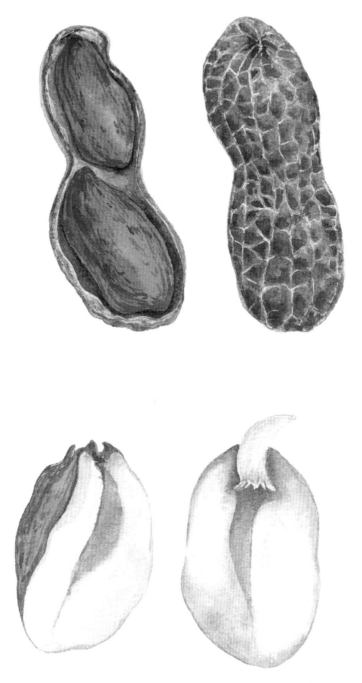

花生

Arachis hypogaea L.

件朴素食物，看似平淡无奇，却以一粒花生映照人生，隽永的文风中饱含着父亲对孩子的殷殷希望和一片深情。父亲最后以花生作喻，嘱咐孩子："你们要像花生一样，它虽然不好看，可是很有用。"于是，受到启发的"我"接着说："那么，人要做有用的人，不要做只讲体面，而对别人没有好处的人。"

的确，花生虽寻常，但真的很有用。

前文提过，在南北战争之前，花生都得不到美国农场主的重视。但19世纪末20世纪初，来自墨西哥的棉籽象鼻虫对美国棉花产业造成严重危害，这种飞虫消灭困难、灾害频发出现。为此，美国在1978年启动了棉铃象鼻虫根除计划，经过数十年的努力，截至目前大部分州的根除工作已宣布基本完成。20世纪20年代前后，因为棉铃象鼻虫灾，美国南部棉花连年歉收，农民只能寻求其他不受这种虫害侵扰的作物，花生就是从这段时间起被大量种植的。正是自那时起，农业学家和商人们纷纷倡导以花生种植生产取代棉花，打破了美国南部单一种植的农业格局，开始了多样化作物经济。更有历史学者认为，自此美国乡村经济重组，大量黑人向北方迁移，美国如今的人种分布情况与社会文化便由此奠基。

花生在南北纬40°之间的地区，都能够较为容易地生长，对土地要求也不高，沙地、丘陵甚至高寒山区都能成为花生种植田，美国南部沙地改种花生正合适。花生产量高，蛋白质和脂肪含量也非常高，适合做成高热量速食食品供各类消费，更何况它还好吃，比如我们身边常见的"热量炸弹"士力架中就放了不少花生。早在19世纪末，美国著名早餐食品公司"家乐氏"创始人约翰·哈维·凯洛格（John Harvey Kellogg）就将花生酱做成产品售卖，从此花生酱在美国逐渐流行，成为家家户户必不可少的食物。由于花生酱营养全面，并且容易长期保存，方便囤积，在战争、疫情等特殊时期重要性更为突出。

除食用之外，花生另一主要用途为油用，在我国，大约 1/2 的花生用来榨油，花生油是国内销售额最高的食用油。花生油不饱和脂肪酸含量高，还富含软脂酸、磷脂、锌、谷甾醇和胆碱等，营养均衡。另外，花生油中还能提炼出甘油，用于军工产业。

花生目前是世界第三大油料作物，世界花生种植约 4 亿亩（面积相当于 2.5 个江苏省），我国占其中的 1/3。2020 年全球花生消费量达到 4 758 万吨，这个数字已经稳步增长了约 20 年。其中最主要的消费大国也是最大的两个生产国——中国和印度，二者累计消费量占到了世界总消费量的 50 %。

吃花生也过敏！为何总发生在西方

不过在欧洲，食用花生却一直没有成为风潮，因为花生不仅有营养，还有"毒"。

也许你也看过美剧《生活大爆炸》，主演霍华德对花生过敏的反应可谓迅速又激烈，但凡他吃下一根花生巧克力棒，接下来就是面部红肿白眼直翻、不得不上医院求救的桥段。

据研究人员统计，在英国，每 200 个人当中就有大约 1 个人对花生敏感；在美国，也有 6 ‰ 的人对花生过敏。世界八大致敏食物中，花生在西方国家排行第一。近些年来身边越来越多的食品包装上会标注出过敏物质，写上诸如"过敏原信息：×××"或是"此生产线也加工含有×××的产品"一类的提醒，花生是国内外食品中强制标注的过敏成分之一。

花生过敏主要是由于它含有一些特殊的蛋白质。目前，正式命名的花生过敏原蛋白有11种，包括Ara h1～Ara h7，它们会使过敏人群产生瘙痒、呕吐、呼吸系统水肿等反应，严重的甚至会导致人窒息死亡。Ara h1是最主要的花生过敏原，在花生过敏原中是含量最多的物质，Ara h2属于蓝豆蛋白，90％以上的过敏反应都是由这二者引起的，其次是Ara h3.01，44％以上的花生过敏患者都对其敏感。

对花生过敏至今都没有什么较好的办法进行治疗，甚至检测花生过敏原的5种主要方法（ELISA、PCR法、印迹法、生物传感器法、质谱法）全都存在不足，无法达到准确的定量结果。花生的过敏原理是比较特殊的，花生在经过胃部和小肠之后会产生大量的可化解蛋白质及大型的完整蛋白质结构，这些花生蛋白质由M细胞携带着，以免疫原型的形式迅速通过消化系统，被运送到免疫系统，然后引起敏感人群的过敏反应。

很多国人看完《生活大爆炸》霍华德对花生过敏的搞笑情节后又生出奇怪：咋的，花生，还能让人过敏？我们喝酒就花生这么多年，啥事也没有啊！

对我们来说，有一点可以庆幸：中国生产的花生之中，Ara h1和Ara h3这2种过敏原蛋白比欧美产花生要少，因此中国人对花生过敏的概率比欧美人要小得多。

此外，花生还是最易感染黄曲霉菌的作物。黄曲霉菌会产生黄曲霉素，而黄曲霉素有剧毒，能致癌、耐高温，在加工、生产、贮存、运输等各个环节都能产生。黄曲霉的毒性甚至强过人们谈之色变的氰化物,一次只要大约 20 毫克就能使一个成年人死亡,少量长期摄入也能够诱发大量疾病,因此变质的花生可不能像臭豆腐一样被食用。好在,科学家们也研究出了许多去除黄曲霉素的方法,例如降低仓库湿度、温度和氧气浓度、氨或醛熏蒸法、生物降解法、硅酸镁凝胶吸附法、电子束辐照法等,在花生、花生制品及副产品生产、加工途径中加以广泛应用,为我们的健康保驾护航。

宁可无肉,不可无豆

在食用时,花生常常与瓜子、杏仁、开心果等坚果放在一起,但它其实是豆子的近亲,属于豆科。

"宁可无肉,不可无豆。"和很多豆科作物一样,花生是一种美味且营养丰富的食物,素有"长生果"的美誉。然而,很多人在被花生的香醇口感吸引时,却没有真正"吃明白",对其营养价值一知半解。

花生含有蛋白质、多种维生素及钙、磷、铁等,可以提供 8 种人体所需的氨基酸及不饱和脂肪酸、卵磷脂、胆碱、胡萝卜素等,能够促进人体的新陈代谢、增强记忆力、抗衰老,也可以稳定血糖,有利于心脏健康,难怪它获得了"素中之荤""植物肉""长生果"的美誉。

花生种皮更富含白藜芦醇、原花色素、花色苷、维生素 B_1、维生素 B_2 及单宁等多种生理活性成分,在维持人体的生长发育、机体免疫和心脑血管保健等方面作用明显。此外,黑色、紫色等彩色种皮的花生，蛋白质含量、氨基酸含量显著更高，脂肪酸含量显著更低，更适合有营养需求的人群食用。

中医上，花生也是一味重要的药材，据《杏林医学》《本草纲目拾遗》等记载，花生种子、壳与花生油都能入药，能够止血消肿、舒脾润肺、通肠养胃等。

另外，花生是"高饱腹感"食物，若在早餐时吃花生或花生酱，能减少这一天的进食量，进而有助于减肥。

不过，食用花生也不宜过量。花生含有的大量蛋白质，会增加肠道负担，所以消化不良者要少吃花生，或者选择适当食用生花生；高蛋白和高脂肪的食物还会刺激胆囊，促使胆汁大量分泌，所以肝胆疾病患者在吃花生时，最好选择蒸煮的方式，避免油炸、油炒，且应少量多次食用。

在今天的饮食界，营养兼具美味的花生，早已不再是当年那个"廉价的零食"，从熟悉的叫卖"瓜子花生矿泉水"，到兄弟对饮中的灵魂下酒菜，再到让人又爱又恨的五仁月饼，到处可见花生的身影，花生总带给我们"越吃越有"的快乐。它不仅是大家喜爱的干果零食，还跻身成为重要的油料作物，在我们的生活中具有举足轻重的地位。

这就是《落花生》中"父亲"口中那颗"有用的豆子"，虽然低调地将果实藏在地下，甚至不喜光，但光环总会落到她身上。正像那首歌里唱的，谁说站在光里的才算英雄。

TIPS：

我国传统婚礼习俗会在新人床上放上红枣、花生、桂圆与莲子，谐音"早生贵子"，同时这几样都是果实较为繁多的植物，寓意多子。

参 考 文 献

白秀峰, 1978. 花生起源及世界各主要产区栽培史略述[J]. 花生科技(4): 36-38.

曹敏建, 王晓光, 于海秋, 等, 2013. 花生 历史·栽培·育种·加工[M]. 沈阳: 辽宁科学技术出版社.

陈明, 王思明, 2018. 中国花生史研究的回顾与前瞻[J]. 科学文化评论, 15 (2): 89-100.

侯深, 2020-03-16[2020-03-16]. 文化与自然协同演化的复杂历史[N/OL]. 光明日报(14). https://epaper.gmw.cn/gmrb/html/2020/03/16/nbs.D110000gmrb_14.htm.

黄玉霞, 梁金玲, LISA WANG, 等, 2018. 食品中花生过敏原及其检测方法的研究进展[J]. 食品工业科技, 39(22): 314-318, 327.

李秀缺, 张薇, 张爱菊, 等, 2010. 花生中黄曲霉毒素的防控及去除方法[J]. 食品工程(2): 25-27, 50.

林茂, 赵景芳, 郑秀艳, 等, 2019. 不同种皮颜色花生生品的营养、感官和品质的分析[J]. 分子植物育种, 17(5): 1647-1657.

任春玲, 2022. 世界花生产业格局发展变化对我国的启示[J]. 河南农业(7): 5-8.

佟屏亚, 1979. 农作物史话[M]. 北京: 中国青年出版社.

王瑞琦, 2014. 电子束加速去除花生粕中黄曲霉毒素 B_1 的研究[D]. 无锡: 江南大学.

佚名, 2021-01-14[2021-01-14]. 我国花生产量及消费介绍[N/OL]. 期货日报

网 . http://www.qhrb.com.cn/articles/284472.

约翰·沃伦, 2019. 餐桌植物简史: 蔬果、谷物和香料的栽培与演变 [M]. 陈莹婷, 译 . 北京: 商务印书馆 .

张箭, 2014. 新大陆农作物的传播和意义 [M]. 北京: 科学出版社 .

张勋燎, 1963. 关于我国落花生的起源问题 [J]. 四川大学学报 (社会科学版) (2): 37-51.

RASZICK T J, 2021. Boll weevil eradication: a success story of science in the service of policy and industry [J]. Annals of the entomological society of America, 114 (6): 702-708.

RASZICK T J, DICKENS C M, PERKIN L C, et al. , 2021. Population genomics and phylogeography of the boll weevil, Anthonomus grandis Boheman (Coleoptera: Curculionidae), in the United States, northern Mexico, and Argentina [J]. Evolutionary applications, 14 (7): 1778-1793.

STALKER H T, WILSON R F, 2016. Peanuts: Genetics, Processing, And Utilization [M].Urbana, IL, USA: Academic Press and AOCS Press.

第十章

棉花

——朝花开天下暖

学名：*Gossypium L.*

英文名：Cotton

植物学分类：锦葵科棉属

娇小的棉籽，为了实现随风飞翔的梦想，长出了一身柔软蓬松的绒毛，因缘际会成为了人类蔽体御寒最重要的纺织原料——棉花。然而，也许正是应了"天下惟至柔者至刚"的道理，你一定很难想象，看似温暖轻柔的"小白花"，却是塑造人类近代世界最为举足轻重的一股力量。

棉花不仅为世界贡献了"棉织品"这一首个真正意义上的全球性商品，更催生了深刻影响人类命运的工业革命、南北战争，但其背后暗藏的奴隶制、攫夺剥削、殖民主义等资本主义"原罪"也成了棉花逃不开的"罪与罚"。1846 年，卡尔·马克思为这段人类历史中颇为传奇激荡的章节写下了"没有奴隶制就没有棉花，没有棉花就没有现代工业"的著名"金句"。转眼又是 100 多年过去了，棉花与人类的故事，仍然时刻上演，永不终结……

我欲随风飞翔，抑或乘风破浪

棉花（*Gossypium* L.），唯一由种子生产纤维的作物。我们常说的棉花并不是一种植物，目前世界范围人类种植的棉花有 4 种，分别是陆地棉（*G. hirsutum* L.）、海岛棉（*G. barbadense* L.）、亚洲棉（*G. arboreum* L.）和草棉（*G. herbaceum* L.）。其中，陆地棉的种植范围最广泛，收获面积占到全球的 94 % 左右，是最为常见的棉花品种。海岛棉又称超细绒棉、长绒棉，顾名思义它的纤维长、品质好，但产量低于陆地棉，对种植地区的气温要求更高，因而种植面积不大，仅占 6 % 左右。亚洲棉和草棉现在种的人已经很少了，仅有一些零星种植。

从起源地来看，棉花是植物界名副其实"遍地开花"的植物，非洲、亚洲、大洋洲和美洲都是棉花的原产地。其实包括四大栽培种在内的已知的 50 多种棉属植物，何以能够四海为家，个中奥秘恰恰就在于我们用来纺纱织布的部分——种子上的长毛，即棉纤维。事实上，轻盈蓬松的绒毛不仅能让棉花种子（棉籽）"好风凭借力"，还可以助种子漂洋过海，实现"海空双线传播"。这些浓密轻柔的绒毛一方面利用裹住的气泡如同一个个浮力球托起棉籽，令其至少可在海面漂浮两个半月；另一方面它们还耐海水腐蚀，充当棉籽的"防护服"，即使棉籽不幸"沉船"也能在海水中保持 3 年以上的活性。这也就能很好解释了为何即便如今远离海岸种植，棉花的种子依然具备耐盐的能力。

棉花虽然名中带花，你可千万不要以为摘棉花摘的是它的花，那是它的果实——棉铃，因形状如桃也叫棉桃。掰开一个棉铃，可以体会到那种棉花果实特有的"柔中带刚"的手感，软萌的外表下也会时不时让你感受一下它深藏起的粗粝刚强，而这硬硬的颗粒感便来自棉籽。只有穿过这云朵般的层层棉絮，才能得见种子的本来面目：灰褐色，卵圆形，豆粒大小。以陆地棉为例，一个棉铃一般有 3～5 瓣，每瓣有 7～11 粒种子，平均每个棉铃里会有 32 粒种子。一粒种子上能长出 8 000～150 000 根棉纤维，它们会膨胀、覆盖在种子表面。棉纤维的长度是决定品级和价格的主要依据，纤维越细长的棉被认为品质越高。一般棉花的纤维长度为 23～38 毫米，而我国新疆长绒棉的纤维长度一般为 33～39 毫米，最长可达 64 毫米。

棉花是老百姓家最常见、最实用的御寒材料，民谚"千层纱万层纱，抵不过四两破棉花"描述的正是棉花自带的温暖属性，而这神奇的保暖效果就来自棉纤维的特殊结构。棉纤维是一种多孔物质，纤维内部和纤维之间有很多孔隙，并充满着空气。在内部空气不流动的状态下，棉纤维是热的不良导体，可以很好地防止热量流失，达到保暖的效果。妈妈们常说棉被要经常拿出去晒一晒，其实也是非常有科学道理的。充分沐浴阳光后的棉纤维弹性恢复，棉被中的空气增多，使得棉被变得柔软蓬松，保暖效果自然也就更好了。晚上睡觉盖着这样软和又暖和的被子，梦怎么能不香不甜呢？

"绵羊树"上可不仅仅只有"羊毛"哦

衣食住行是人类的基本生存需求，排在首位的"衣"更是人类区别于动物的显著标志之一。在棉花广泛传播之前，非原产地人们的衣着原料主要来自丝绸、麻、毛皮和毛呢。它们至今仍然被作为高档衣料的代表受到时装界与纺织业的垂青。虽然各有各的好，但这些材料往往在某些单项指标上性能优越，且多半都有点"物以稀为贵"，离老百姓心目中的"物美价廉"还是有点远的。在种植棉花的最初几千年里，棉纺织品的生产很少扩大到棉花原产地之外的地区，但只要见过棉花的"远方来客"无一不被棉花强大的综合实力所折服。棉花，柔软、耐用、轻盈、易于染色且便于清洗，当然最重要的一点是成本低廉。

目前世界上已知最早掌握纺织棉花技能的是生活在公元前 3000 年左右的印度河谷先民。而在相当长的一段时间里，棉花对于欧洲人来说是一种遥远神秘的异国事物。公元前 5 世纪的希腊史学之父希罗多德游历至印度，记录下了当地这种神奇的"绵羊树"，"有一种野生树木，果实里长出一种毛，比羊毛还要美丽，质地更好。当地人的衣服便是由这种毛织成的。""绵羊树"的想象概念在不产棉花的欧洲大地广为流传，影响深远，今天德语仍以 Baumwolle 一词指代棉花，原意正是"树上的羊毛"。

不过欧洲人对棉花的"奔现"之路仍然隔着万水千山，直到达·伽马成功开拓了从欧洲好望角到达印度的海上航线的 1497 年后，他们才得以甩开中间商，第一次直接接触到了印度棉纺织品，并由此开始参与到了印度纺织品跨洋贸易之中。17 世纪初，英国东印度公司、荷兰联合东印度公司、丹麦东印度公司相继成立，他们从印度购买棉纺织品，在东南亚交换香料，同时把纺织品带回欧洲销售，或者运往非洲购买奴隶送到新世界的种植园从事劳动生产。不管是精美的轧光印花布、细平布和纯色棉布还是简单实用的普通棉布，都受到了欧洲消费者与非洲贸易商的热烈追捧。棉纺织品俨然成了东印度公司最重要的贸易货物，至 1766 年，棉纺织品已占到了全部出口货物的 75 %。据《鲁滨逊漂流记》作者、英国作家丹尼尔·笛福描述，棉纺织品已经悄悄潜入我们的家里，我们的衣橱和寝室中，化为我们的窗帘、坐垫、椅子，最终连床铺本身都是纯色棉布或某种印度货。

当然，这只是棉花这样一位人见人爱的衣料界"六边形战士"征服世界的小小缩影。随着在世界范围内的传播与风靡，棉纺织业更在日后率先实现了机械化，进一步大大强化了棉布和棉纺织品在所有天然纺织品和衣着材料中的绝对核心地位，至此人类完成了衣着上的第三次革命。

今天，除了显而易见的衣被，棉花比你想象的还要深度介入每一个人的日常生活。无论是手中的冰激凌、洗手台边的肥皂、取款机里的纸币，还是助推火箭升空的固体燃料，棉花以极其意想不到的方式在照拂着人类社会运行的方方面面。甚至，诺贝尔奖的创立者、"炸药大王"艾尔弗雷德·诺贝尔也曾受到过棉花的关照：1887年，他以硝化棉与硝化甘油结合发明了混合无烟火药，正是这种燃烧速度快而又无残渣的火药，开启了枪械发展的全新革命……

没错，棉花无处不在，浑身是宝。在综合利用的竞技场上，全世界唯一能让棉花服气的想必也只有石油了。收获的棉花经过轧花加工后，得到皮棉和棉籽。皮棉，也就是我们常说的棉纤维，众所周知是纺织业的重要原料；棉籽经过不同工序加工还能产生棉短绒、棉籽油、棉籽饼、棉籽壳等众多大有来头的副产品。棉短绒

TIPS:

20世纪40年代，国产抗生素研制处于起步阶段，当时青霉素的专用培养基玉米浆完全依赖进口，汤飞凡、童村、马誉澂等老一辈科学家积极寻找替代品，最终成功用当地价廉易得的棉籽饼代替美国进口玉米浆作为青霉菌培养基，彻底改变了原料受制于他国的被动局面，并且生产成本大为降低，应用效果也优于玉米浆，为我国20世纪50年代工业化生产青霉素解决了原料问题。

是重要的化工原料和国防物资，可以用来生产高级纸张、无烟火药、无纺布等。棉籽油至今仍是食用调和油的主要成分之一，棉籽榨油后获得的棉籽饼，可以作为反刍动物、水产养殖的饲料原料。棉籽壳则是食用菌种植主要的基质原料。

现在，全世界有 3 500 万公顷的土地在种植棉花，相当于整个德国的国土面积。如云海般绵延万里的棉花，不仅是世界纺织服装业的中流砥柱，也是世界上产业链延伸最长的农产品。数亿人无形中被这样一根细小纤弱的白色纤维联系到了一起，即使不算上销售渠道的从业者，全球至少 3 % 的日常收入都和棉花有关。

怒放的工业革命之花

轰鸣咆哮的蒸汽机、熊熊燃烧的煤炭、钢花飞溅的熔炉……这些工业硬核感爆棚的场景，相信是大多数人提起工业革命，脑海里首先浮现出的打开方式。然而，你可能从来没有想过，质朴纯洁但略显低微的棉花才是这场引发人类生产技术重大变革的真正缔造者。棉纺织业作为整个工业革命的"龙头"，率先拥抱技术革新，开启了机械化生产的高效模式，并引领推动了其他工业领域的持续变革，"将工业化这个滑翔机拉着飞上了天空"。正是在这片白如棉絮的云海中日不落帝国的雏形日渐成形，曾经温暖柔软的棉花与资本结合摇身一变成了分割社会阶级最锋利的刀刃，闪耀着冷冽的寒光。

印度棉纺织品在英国市场引发的狂热明显动到了传统羊毛纺织业的"蛋糕"，引发了频繁的骚乱，英国议会不得不在 1700—1721 年多次颁布禁止印度棉布的法令。命运有时就是这样的阴差阳错，市场诉求与法令禁止的双重刺激却反而逼迫英国走上了一条自主生产、进口替代的棉纺织产业崛起之路。正如《共产党宣言》所指出的，市场总是在扩大，需求总是在增加。甚至工场手工业也不再能满足需要了。全新的技术发明浪潮呼之欲出、奔腾将至。

1733 年，钟表匠约翰·凯伊发明的"飞梭"被视为"一切其他发明物的最开端的那一个"，开辟了棉纺织业技术创新的先河。"飞梭"的自动往复设置大大提高了织布的效率，但是也一不小心打破了纺织业中"纺"与"织"的平衡。原来，棉纺织分为纺纱和织布 2 个环节，织布初步实现了机械化，而纺纱仍然停留在原始的手工阶段。凯伊的发明之后，1 名织工需要的面纱需要 4 名纱工供应。飞梭的广泛应用曾经一度引发了"纱荒"，官方和民间纷纷悬赏有识之士能够发明更快的纺纱技术。1765 年，织工詹姆斯·哈格里夫斯制造出了 1 架可以同时纺 8 个纱锭的纺纱机，他以爱妻的名字将它命名为"珍妮纺织机"（Spinning Jenny）。在此后的近 20 年时间里，哈格里夫斯最终将纱锭数提升到了 80 个。珍妮纺织机成功帮助纺纱工追上了飞梭织布的速度，但美中不足的是它仍然需要依靠人力驱动，而随着锭数的不断增加，触碰人力的天花板显而易见是迟早的事情，人们迫切需要寻找到新的更强大的动力来源。1768 年，理发师理查德·阿克赖特研制出了水力纺纱机再到之后"骡机"、蒸汽机的相继出现，棉纺织业掀起的创新浪潮早已浩浩荡荡、势不可当……

依托开创性的一系列技术发明，英国棉纺织业成为世界上第一个实现机械化的行业，并很快将这种"革新"的氛围扩散到了其他制造业。"在长期领先的棉纺织工业革命后，炼铁业也发生革命……棉纺织工业的利润无疑为工业化支付了第一批账单。一个周期推动另一个周期"。事实上，一直到 19 世纪中叶，棉纺织业仍然一直扮演着这个动力强劲的"火车头"角色，甚至成了衡量一个国家经济发展、工业强大和国家活力的标志。

除了带领人类迈出机械化生产的第一步，棉纺织业对世界的另一个巨大贡献是孕育了"工厂"这一全新的生产组织形式。1771 年，阿克赖特创新整合了工人、机器、车间等生产要素，在德比郡建立了克隆福德（Cromford）纱厂，被视为现代意义上第一个真正的工厂。当时机器和工厂都被看成可疑的前途未卜的新生事物，而阿克赖特却凭借着超前的理念与过人的胆识，坚定不移地投身建厂，他始终坚信工厂化的模式势必会成为发展主流，使用机器生产的棉纱棉布一定可以击败古老的印度手工纺织。从那时起，棉纱厂如雨后春笋般一发不可收，一个大型的棉纱厂普遍有 5～6 层的建筑，阿克赖特式的水力纺织机，最下面的两层通常是用来放置纺纱机，因为这些机器非常重而且震动厉害。第 3 层和第 4 层放置梳棉机、抽纱机、棉条机。第 5 层用来做卷纱、叠纱、拧纱等。第 6 层通常是顶层，用来放置弹絮机、开包机和采棉机，这些机器在一家大型棉纺织厂当中有很多台。阿克赖特式的棉纺织厂成了同行纷纷争相效仿的标准样式，"我们所有人的眼睛都开始盯在他身上并模仿他的建筑模式"。寒门子弟阿克赖特不仅创造了白手起家的财富神话，更为自己赢得了"近代工厂之父"的传世美名。

棉田里的战争

英国棉纺织业的惊人腾飞必然伴随着古老手工业的落寞，到 1800 年，英国出产的棉纺织品取代印度棉纺织品成为世界市场的主导产品。1850 年后的若干年里，英国使用的棉花占世界棉花总产量的 1/2 以上。如同一只疯狂觅食的巨兽，来自西印度群岛、巴西、印度等地的棉花，早已不能满足英国棉纺织工厂的超级大胃。另一片古老的棉花原产地进入了棉纺织资本家的视野，从 18 世纪 90 年代以后，美国南部的棉花供应逐渐成了最重要的原料来源。19 世纪，美国已是全球棉花种植的中心，棉花一度是美国最重要的出口产品，甚至有了"白金"之称。

棉花种植在美国南部如同病毒一般疯狂扩张蔓延，欣欣向荣的"棉花王国"背面却充斥着血腥与暴力。棉花种植园主们通过武力与屠杀从原住民手中夺取土地，成千上万的黑奴被送到这里强迫从事棉花生产。美国南部的奴隶制市场与棉花市场一样疯狂，1790 年，美国黑奴数量不到 70 万人，到 1860 年已经翻了两番，增长至 400 万人。棉花种植丰厚的利润也体现在了奴隶价格的大幅上涨：1805 年，一个棉田强劳力据说价值 500 美元，1825 年为 1 500 美元，1860 年更上涨到 2 500 美元。

不管数据是如何触目惊心，也只有身处棉田的奴隶才能真正体会美国南方棉花产业成功的暴力发家。在种植园，奴隶主以鞭打、监禁、火烧等各种野蛮极端的惩罚措施来防止奴隶消极怠工。一名叫作亨利·比布的奴隶曾经回忆那段不堪回首的噩梦："在监工的号角声中，所有的奴隶都集合来目睹我受罚。我被剥掉衣服，被迫脸朝下趴在地上。地上揳了 4 根桩子，我的手和脚都绑在这些桩子上。然后监工就用鞭子抽打我。"棉花产业与奴隶制的深度绑定似乎成了被默许的"真

陆地棉

Gossypium hirsutum L.

理",《利物浦纪事报》和《欧洲时报》都曾发出警告，如果要解放奴隶，棉布价格可能会增加1～2倍，给英国带来毁灭性的后果。虽然野蛮胁迫对数百万美国奴隶来说像是一场噩梦，但是这种暴力结束的可能性对那些在棉花帝国中收获巨大利润的人来说同样是一场噩梦。

南方单一畸形的棉花政治经济终于与迈向工业化的北方不可避免地走向决裂，这一次南方为了棉花和奴隶，甚至要求独立。棉花仿佛是他们的全部信仰，也赐予了南方惊人的自信与勇气。南卡罗来纳州参议员兼棉花种植者詹姆斯·哈蒙德在他1858年的著名演讲中慷慨陈词："如果他们向我们开仗，我们可以不发一枪，不拔一剑，就可以使整个世界向我们屈服……试看如果在3年内没有棉花供应就会产生什么样的后果！我们用不着描述人们会怎样地猜想，但是这一点是肯定的：除了南部之外，英格兰会带着整个的文明世界一起跌跤的。不！你们不敢向棉花开战。世界上没有任何的'列强'敢于向棉花开战。棉花为王。"

1861年，美国历史上唯一一次内战——南北战争打响。1862年9月22日，美国第16任总统亚伯拉罕·林肯颁布《解放黑奴宣言》，尽管它有着明显的局限，但这份宣言仍然令北部的自由黑人和南部的战时逃奴与奴隶倍感欢欣感动。

棉花在中国的传播和崛起

中国也是较早种植棉花的国家之一。在棉花传入中国之前，中国只有可供充填枕褥的木棉，没有可以织布的棉花。宋以前，中国只有带丝旁的"绵"字，没有带木旁的"棉"字。"棉"字是从《宋书》起才开始出现的。可见棉花的传入，至迟在南北朝时期，但是多在边疆种植。棉花大量传入内地，当在宋末元初。关于棉花传入中国的记载是这么说的："宋元之间始传其种于中国，关陕闽广首获其利，盖此物出外夷，闽广通海舶，关陕通西域故也。"由此可见，棉花的传入有海陆两路。海南岛、泉州的棉花是从海路传入的，并很快在南方推广开来。

9世纪，阿拉伯旅行家苏莱曼在其《苏莱曼游记》中记述，在中国看到棉花，在花园里被作为"花"来观赏的。《梁书·高昌传》记载："多草木，草实如茧，茧之丝如纑，名为白叠子。"目前中原地区所见最早的棉纺织品遗物，是在一座南宋古墓中发现的一条棉线毯。元代初年，朝廷把棉布作为夏税（布、绢、丝、棉）之首，设立木棉提举司，向人民征收棉布实物，据记载每年多达10万匹，可见棉布已成为主要的纺织衣料。明朝也大量征收棉花棉布，出版植棉技术书籍，劝民植棉。从明代宋应星的《天工开物》中所记载的"棉布寸土皆有""织机十室必有"，可知当时植棉和棉纺织已遍布全国。

在中国棉纺发展史上，宋末元初著名的棉纺织家黄道婆功不可没。黄道婆，原松江府乌泥泾镇（今上海市徐汇区华泾镇）人。十二三岁就被卖给人家当童养媳，受尽折磨。后来随船逃到海南岛南端的崖州，当地黎族同胞接纳了她，并教她学习纺织技术，逐渐成为一个出色的纺织能手。30年后她从崖州返回故乡，回到了乌泥泾。她一边教家乡妇女学会黎族的棉纺织技术，一边改革纺织工艺，发明新式纺车，研究出一套比较先进的错纱、配色、综线、絜花等织造技术，影响深远，使松江一带成为全国的棉织业中心，历经几百年而不衰。清末，中国又陆续从美国引进了陆地棉良种，替代了质量不好产量不高的非洲棉和亚洲棉。现在中国种植的多是陆地棉及其变种。

新中国成立初期，百废待兴，"爱国发家，多种棉花"的口号在全国喊响。垦荒运动轰轰烈烈，新疆生产建设兵团开荒先遣班班长刘学佛和战友一起用 2 年时间在新疆玛纳斯河流域创造了亩产籽棉 402 千克的全国纪录，从此"棉花"成了这里的新标签。

世界棉花看中国，中国棉花看新疆，新疆是中国最大产棉区。2020 年，新疆棉花产量约占全国棉花产量的 87 %，是中国大地上最温暖贴心的"一花独放"。新疆长绒棉是世界上最好的棉花，柔软度、光泽度、亲肤度、透气性、弹力等指标均远超普通棉，长年供不应求。目前，新疆棉花生产早已经告别手工采摘，实现了高度机械化。以前 100 亩地的棉花，需要 10 个采棉工干 2 个月，现在采棉机只需 3 小时便可完成采摘。一台采棉机的效率超过 500 个劳动力，采净率 90 % 以上。除了采棉机，还有无人机、大型智能播种机、大马力配套犁、智能采收机等各种高科技设备帮助棉农解放生产力，将大幅度节约下来的成本都转化成了实实在在的经济收益。每年棉花收获时节，采收打包一体的自动采棉机在棉田走一趟，就可以生产一个黄色巨型圆柱体棉包，棉农们亲切地把这叫作"下金蛋"。原来，一个"蛋"就有 1 吨，价值 1 万元，果真是一个个名副其实的"金蛋"！

中国植棉史上的"人虫大战"

20 世纪 90 年代，我国出现了历史上空前的棉铃虫大爆发，导致全国出现"棉荒"。棉铃虫专吃棉铃和花蕾，原本在棉花生育期只需喷洒1～3次农药就能治住的棉铃虫，喷药20多次依然无济于事，只好发动"人民战争"人工下田抓虫，有时一天一个人工能抓几斤虫，一些棉区，棉花几乎无法再种。曾亲历过那场可怕的"人虫大战"的科研工作者们，至今记忆犹新。

当时，人们发现一些植物在自然条件下能自身分泌特殊的生物碱，害虫取食以后出现中毒甚至死亡，受此启发科学家设想利用现代生物技术培育一种全新的棉花品种——抗虫棉，让人们彻底摆脱棉铃虫的烦恼。

中国农业科学院郭三堆研究员联合科研单位相关专家，成立抗虫棉育种攻关团队率先开展此项研究。他们首先想到的是一种能够杀虫的生物农药——苏云金芽孢杆菌（*Bacillus thuringiensis*，*Bt*），如果把这种菌的杀虫基因导入棉花，让棉花自己能合成抗虫蛋白，不就一了百了吗？但一个是植物，一个是微生物，二者相差十万八千里。他们探索了各种方法，包括花粉管导入法、基因枪导入法，最后巧妙借助农杆菌，成功把杀虫基因转到了棉花中，育成了中国人自己的抗虫棉品种，也使我国成为继美国之后，世界上独立自主研制成功抗虫棉的第二个国家。新型抗虫棉的细胞含有 *Bt* 杀虫蛋白质，对棉铃虫等鳞翅目害虫的消化系统有特效，而对人畜基本无害。

如果说一种杀虫基因还不够保险，我国科学家又将另外一种与 *Bt* 杀虫机理完全不同的抗虫基因——豇豆胰蛋白酶抑制剂基因导入棉花，研制成功一种具有双重抗虫保险的棉花新品种——双价抗虫棉。由于有2种杀虫蛋白功能互补且协同增效，抗虫效果大大提高，在一般年份，减少用药60%～80%不影响抗虫棉的棉花产量。

随着中国自主研发转基因抗虫棉技术的不断成熟，国抗 1 号、中棉 41 等多个品种在全国范围内推广种植。从 1999 年到 2012 年，国产抗虫棉的市场占有率从 5 ％逆转为 98 ％，成功捍卫了中国的棉花产业与民族利益。"美而强"的中国抗虫棉也成了中国科技实力的一张亮丽名片，先后出口到印度、巴基斯坦等国，在更广袤的土地上骄傲绽放。

参 考 文 献

伯根格伦, 1983. 诺贝尔传[M]. 孙文芳, 译. 长沙: 湖南人民出版社.

杜君立, 2019. 新食货志[M]. 北京: 北京联合出版公司.

郭三堆, 王远, 孙国清, 等, 2015. 中国转基因棉花研发应用二十年[J]. 中国农业科学, 48(17): 3372-3387.

侯隽, 2021. 新疆棉花产业真相[J]. 中国经济周刊(7): 40-42.

黄兆群, 2011. 纺织业与资本主义制度在英国的确立[J]. 鲁东大学学报(哲学社会科学版), 28(5): 1-3.

陆宪良, (2017-06-23)[2017-07-06]. 我国青霉素是怎样诞生的[EB/OL]. https://dag.ecust.edu.cn/2017/0706/c6871a67632/page.htm.

马瑞映, 杨松, 2018. 工业革命时期英国棉纺织产业的体系化创新[J]. 中国社会科学(8): 183-203, 208.

马宗超, (2010-12-01)[2016-10-20]. 我国抗生素工业开拓者之一, 抗生素研究及教学领域的先驱马誉澂简介[EB/OL]. https://biotech.ecust.edu.cn/2016/1020/c7853a56797/page.psp.

斯文·贝克特, 2019. 棉花帝国[M]. 徐轶杰, 等, 译. 北京: 民主与建设出版社.

索尔·汉森, 2017. 种子的胜利: 谷物、坚果、果仁、豆类和核籽如何征服植物王国, 塑造人类历史[M], 杨婷婷, 译. 北京: 中信出版社.

项飞, 2011. 简析美国南北战争中的经济战[J]. 军事历史研究, 25(4): 102-105.

喻树迅, 2018. 中国棉花产业百年发展历程[J]. 农学学报, 8(1): 85-91.

张箭, 2019. 论人类衣着材料的演变: 以农史为主要视角 [J]. 武陵学刊, 44
　（4）: 114-128.

中国农业百科全书总编辑委员会农作物卷编辑委员会, 1991. 中国农业百科全
　书 农作物卷 上、下 [M]. 北京: 中国农业出版社 .

章楷, 2009. 中国植棉简史 [M]. 北京: 中国三峡出版社 .

中国农业科学院棉花研究所, 2019. 中国棉花栽培学 [M]. 上海: 上海科学技术
　出版社 .

第十一章

马铃薯

——『土』即是胜利

学名：*Solanum tuberosum* L.

英文名：Potato

植物学分类：茄科茄属

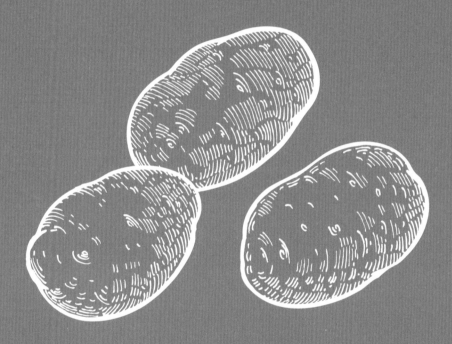

有人说马铃薯是世界上最成功的"移民"，不仅种遍全球，甚至成为很多国家最接"地气"的美食灵魂。可是对于除原产地安第斯山脉之外的其他地区，马铃薯实在不能算土生土长。之所以各地人民都将马铃薯纳入"族谱"，是因为在这些国家和地区，马铃薯深刻地改变了或正在改变着其历史进程和文明潮流，它的故事与人民的饥饱、社会的兴衰、国家的存亡紧密相连。

成也马铃薯，败也马铃薯。历史上的马铃薯曾经救人于危亡，也曾引发了近代欧洲最大的农业悲剧。直到今天，手边的薯条和薯片仍提醒着我们，马铃薯一直以一种沉默而又剧烈的方式影响着人类文明。也许在未来的哪一天，全球粮食短缺，它依旧会义无反顾地挺身而出，于大饥荒中拯救人类。

这就是马铃薯，一个在历史洪流中不能被忽视的小东西。

它是种子又不完全是

马铃薯和番茄、茄子同属茄科，但马铃薯和它们光滑圆润的外观完全不一样。这是因为番茄、茄子都是果实，我们平时食用的马铃薯既不是种子也不是果实，而是马铃薯植株的地下块茎。不同于细长条状的植物茎，块茎圆圆短短呈块状，它是马铃薯平时储存养料的"仓库"。如果遇上恶劣环境，这个"仓库"依旧可以源源不断地为马铃薯植株提供营养。

在实际生产中，人们常用于播"种"的也是马铃薯的块茎。块茎上螺旋排列着许多坑坑洼洼的芽眼，每个芽眼都能够萌发出新芽，长成一棵完整的马铃薯植株。播种时，农民常用刀将马铃薯块茎切割成小块，每块上保留1～2个芽眼，然后按照芽眼向上的摆放方式播进土壤。马铃薯的新芽很快就会从芽眼中钻出，长成新的植株。新植株的地下匍匐茎的尖端逐渐膨大形成块茎，也就是我们常吃的马铃薯。相比于种子繁殖，马铃薯利用块茎繁殖具有许多优点：长出的新植株可以保持母本的优良性状，植株生长整齐一致，很少出现变异，并且繁殖速度较快。但缺点也很明显，如块茎体积大，储存和运输都不方便，用种量大导致生产成本高，并且容易感染病虫害。

马铃薯真正的种子藏在它的果实中。马铃薯在开花授粉后，会结出和番茄外形相似的青色浆果，其中含有细小呈肾形的种子。这些种子非常轻，1 000粒种子的质量仅有0.5～0.6克。虽然马铃薯种子轻便易运输，但是用种子繁殖的后代遗传极不稳定，性状分离大，所以种子繁殖的方法还未用于实际生产。目前，中国农业科学院深圳农业基因组研究所黄三文研究团队依靠基因组设计育种，培育出了第一代杂交马铃薯优薯1号，让马铃薯用种子繁殖成为可能，未来种好吃的马铃薯，可能只需要一粒小小的种子。

被颜值耽误的实力派

马铃薯原产于海拔 4 000 米的阿尔蒂普拉诺高原，位于秘鲁和玻利维亚之间的安第斯山脉中。这片荒凉的高原气候条件严峻，夏季白天的温度达到 20 ℃，可是在夜里温度会瞬间降至零下。即使自然环境如此恶劣，马铃薯也能产量丰厚，这是因为它的块茎深埋地下，不容易受到气候变化的影响。在这片其他谷类作物无法生长的高原上，原住民为了生存定居，只能通过驯化马铃薯获得稳定的食物来源。原本野生马铃薯的块茎只有拇指大小，经过人们的培育和改良，终于产生了适于食用的马铃薯。安第斯高原气候恶劣，本不适合发展农业生产，更难以建成社会文明，但是原住民印第安人借助马铃薯提供的热量创造出了瑰丽的蒂瓦纳科文明和印加文明。

马铃薯在 16 世纪中期横渡大西洋，从印加帝国传入西班牙并开始在欧洲栽培，到底由谁将马铃薯带到欧洲，至今没有确凿的证据。有趣的是，在进入欧洲之后的一段时间里，马铃薯被作为观赏植物栽种在君主的庭院中，它的白花深受王侯贵族的喜爱。马铃薯的块茎却并未受到当时人们的青睐，就算饱受饥饿的折磨，农民也没有种植马铃薯的打算，依旧因循守旧地种植传统小麦。法国药剂师帕门蒂尔最早发现马铃薯块茎是一种非常优秀的食材，他建议法国国王路易十六推广种植这个作物，并在寿宴上向国王和王后献上马铃薯花。王后将马铃薯花戴于头上，引得其他贵族小姐纷纷效仿，佩戴马铃薯花成了当时的潮流。帕门蒂尔顺势举办了几场马铃薯盛宴，邀请各界名流品尝马铃薯制作的食物，其中包括利用风筝导电揭开雷电秘密的美国科学家富兰克林，被称为近代化学之父的法国化学家拉瓦锡。宴会上美味的料理让众多有影响力的人成了马铃薯的忠实食客。如此一来，马铃薯料理在上层阶级中流行开来。为了向食物短缺的平民推广这个作物，在路易十六的支持下，帕门蒂尔于巴黎郊外种植了一大片马铃薯，田边立了一块牌子"此处种植的马铃薯为皇族食品，偷盗者将遭受严惩"，并在白天派精锐的军队严加看守，晚上撤走所有士兵。有了皇室特供的噱头，当地农民对马铃薯产生了强烈的好奇心，于是趁夜晚偷偷挖走马铃薯，想要尝尝贵族才能享受到的美食。到18世纪末期，马铃薯的种植在民间也逐渐普及。

划时代的新主食

在马铃薯成为主食之前，欧洲人依靠麦类作物填饱肚子。在那个战乱频仍的年代，一旦开战，农民们精心耕种的麦田就会遭到士兵和战马无情践踏，小麦、燕麦等传统作物只剩下枯死的残株，再也无法开花结实。绝收对于农民而言意味着挨饿甚至死亡，种植马铃薯却可以很好避免这种饥荒的发生。块茎埋藏在地下的马铃薯，即使地上枝叶已经被践踏得七零八落，但地下部分依然能够顽强地存活下来。同样，在遇到冰雹、强风等天灾时，马铃薯也是为数不多的幸存者。并且在同等面积的耕地上，相同耕作条件下马铃薯的收获量是麦类作物的4倍，是农民最可靠的食物来源。

马铃薯不仅是一种代替麦类作物的主食，它还帮助欧洲人摆脱了难吃的盐渍肉，吃上了新鲜的猪肉。当时可供食用的肉类很有限，马和牛分别是人们的代步工具和耕作工具，羊是提供制衣材料的重要家畜，都不能被宰杀食用，猪是人们几乎唯一的肉食来源。与牛羊不同，猪无法单靠吃草生存，饲料中还需要添加小麦、玉米等淀粉类食物。在没有马铃薯之前，农民只能确保自己有足够的谷类粮食过冬，无法给猪准备充足的越冬饲料。因此每年秋季，人们必需宰杀除种猪以外的所有猪，并将猪肉腌制保存起来。在当时，胡椒、肉桂这些可以防腐的香料比黄金还贵，是贵族才能用得起的奢侈品，普通农民只能用盐腌制猪肉。盐渍肉味道咸臭，但是为了补充人体必需的蛋白质，人们不得不捏着鼻子吃下去。随着高产作物马铃薯在欧洲的普及，人们有了富余的马铃薯作为家畜饲料，从此人们过上了可以随时吃上新鲜猪肉的生活。在填饱肚子和提高饭食质量方面，马铃薯做出的贡献比欧洲人痴迷的香料还要大。

压垮爱尔兰的马铃薯

在 1949 年取得完全独立之前，爱尔兰这座西临大西洋、东靠爱尔兰海的小岛一直处于大英帝国的统治之下，岛上大部分的土地都属于英国地主，爱尔兰人只能通过向地主租借上地来种植作物。马铃薯是当时地少人多、饥寒交迫的爱尔兰最可靠的食物供给。直到 19 世纪 40 年代，岛上几乎所有人都在种植同一品种的马铃薯。由于马铃薯品种的单一性和爱尔兰人对马铃薯的高度依赖性，一场巨大的灾难悄然而至。

1845 年夏天，马铃薯晚疫病菌悄无声息地入侵了爱尔兰。这种病菌能够在温暖的环境下生长发育，依靠风和水快速传播。感染了这种

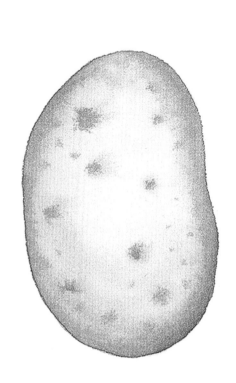

马铃薯

Solanum tuberosum L.

真菌的马铃薯，叶子会出现黑点，随后根茎叶逐渐腐烂，整株植物死亡。同时，马铃薯的块茎会腐烂成一团黑色的浆状物，发出难闻的气味。马铃薯晚疫病菌不但会寄生在已死亡的马铃薯体内，还会进一步污染邻近的土壤，导致周边的马铃薯也感染病菌。1845 年年底，爱尔兰的马铃薯产量减少了 1/3。第二年蛰伏在田地里的真菌在温暖湿润的条件下再次暴发，超过 3/4 的马铃薯田绝收。这场马铃薯疫病在爱尔兰持续了 5 年之久，对于以马铃薯为主食的爱尔兰人而言，无疑是灭顶之灾。在这短短 5 年间约有 150 万爱尔兰人死于饥荒，还有 150 多万人背井离乡逃亡其他国家寻找一线生机。大多数爱尔兰移民前往了当时的英国殖民地，也就是现在的美国。根据美国人口普查局的数据显示，2021 年，美国大约有 3 200 万人声称为爱尔兰裔，占美国总人口的 9.5 %，是美国第二大族裔。迄今为止，美国 46 位总统中，23 位拥有爱尔兰血统，这其中就包括人们所熟悉的肯尼迪、布什和奥巴马等。

这场大饥荒中，作为统治者和殖民者的英国政府冷漠旁观，根本不顾爱尔兰人的死活，甚至逼着爱尔兰人和以往一样向他们出口谷物，这让本就不满英国统治的爱尔兰人掀起了反英浪潮。伴随着饥荒过程中的农业暴动，爱尔兰民族主义运动如火如荼地发展。1948 年 12 月，爱尔兰宣布正式脱离英联邦，成立了独立、自主的爱尔兰共和国。

填饱世界人民的肚子

马铃薯作为一种食材，无论是主食还是菜品，抑或是甜点小吃，都有着丰富的表现手法。早在几千年前，最早驯化马铃薯的安第斯居民就发明了一种叫作"丘纽"的马铃薯干。他们利用当地昼夜温差大的特点，把马铃薯放在室外，夜晚冻结成冰，白天升高的温度又会将其解冻，经过这么反复冷冻再解冻，马铃薯变得松软多汁。接下来人们挤出其中的水分，将马铃薯放在太阳下完全晒干，这样制作出来的马铃薯干被当地居民称作"丘纽"，这恐怕是最早的"冻干"食品了。时至今日，安第斯居民依然在每年冬季辛勤地制作着"丘纽"。时间来到 19 世纪初，随着英国工业革命的发展，大量失去土地的农民涌入城市成为工人。高强度的劳作使得这些工人在忙碌了一天之后，根本没有时间和精力好好为自己准备一顿像样的晚餐。于是快速便捷而又富含热量的烤马铃薯与炸鳕鱼应运而生，成了这些底层工人最受欢迎的食物。烤马铃薯后来变成了炸薯条，慢慢也由原来的劳工食品演变成了全英国人民的最爱。连丘吉尔、撒切尔夫人这样的政府首脑都对其爱不释手。如今提起英国，很多人第一反应就是炸鱼薯条。1920 年，在与英国隔海相望的美国，一位叫赫尔曼·雷（Herman Lay）的年轻推销员，顶着烈日叫卖自动削马铃薯片机。之后他创立了以他名字命名的品牌——乐事（Lay's），"乐事"薯片以其特有的薄脆口感和奇妙调味，在零食界长期处于霸主地位。薯片很快与硅谷的"芯片"、好莱坞的"大片"一起，成了美国文化的标签。

马铃薯进入中国的时间距今不过 500 年，可是自古以来崇尚美食的中国人对这个食材有着深刻的理解和丰富的烹饪方式。清代，马铃薯的主要做法是被打磨成粉，烹煮食用。经过不断尝试与努力，马铃薯的烹调方式日臻纯熟，既能糅合米面做成点心小吃，又能切成丝、片、块状作为主料或配菜，还发展出陕北洋芋擦擦、新疆大盘鸡、东北地三鲜、贵州洋芋粑等地方特色美食。各地热爱马铃薯的人们给它取了不少富有地域特色的别名，如洋芋、山药蛋、洋番薯、土豆、地蛋、洋山芋、荷兰薯、薯仔，其中最为广泛的称呼还是土豆和洋芋。作为一个如此热爱马铃薯的国家，中国的马铃薯产量长期稳居世界第一。根据数据显示，2020 年中国马铃薯产量为 1 831.2 万吨，是世界上马铃薯产量最多的国家。

TIPS：

　　袋装的薯片是原切薯片，也就是用刀片直接从马铃薯上削下的薄片。而罐装薯片是以马铃薯全粉或淀粉为主料，再配以小麦淀粉、变性淀粉、油脂等辅料及食品添加剂，碾压成饼状，以模具滚轮压制得到均一的片状薯片。当然了，不管是原切薯片还是复合薯片，最终都需要油炸或烘烤。

这样的马铃薯不能吃

　　马铃薯与茄子、番茄、颠茄等茄科植物体内都含有一种剧毒物质——龙葵碱。马铃薯与番茄亲缘关系很近。但发展路线大不相同，马铃薯演化成块茎作物，番茄则因果实受到人们的青睐。番茄在青色未成熟时，果实内含有大量龙葵碱，转红后龙葵碱含量大大降低，人类食用是不会中毒的。与番茄不同的是，马铃薯结出的青色果子不会随着成熟变为红色，它永远都是青色，并且始终含有大量可致人中毒的龙葵碱。

　　龙葵碱毒素是马铃薯在长期进化过程中形成的一种自我保护机制。最早尚未被人类驯化的野生马铃薯根茎叶都有较强的毒性，可以防止贪嘴的动物取食，经过长年累月的品种改良，安第斯高原居民成功降低了马铃薯块茎中龙葵碱的含量，使它适于人类食用。如今的马铃薯品种以花、果实中龙葵碱含量最高，地上茎叶其次，块茎中也有但是含量非常低，即使吃下去也不会危害人体健康，所以平时我们食用的马铃薯都是安全无毒的。

　　然而这种起源于高原蛮荒的作物还是会时不时显露出它的"野性"。在超市或者家中，你可能见过变绿的马铃薯，这是由于马铃薯受阳光照射后合成了叶绿素，叶绿素存在于所有绿色植物中，其本身无毒，但是马铃薯变绿跟龙葵碱的含量提高有高度的相关性，"变绿"是龙葵碱产生的一个标志。因而，买回来的马铃薯建议大家置于避光阴凉处贮藏，这样可以防止其变绿。

　　另外，发芽的马铃薯在芽眼处也会产生大量的龙葵碱。按照国家品种审定的标准，每百克马铃薯中龙葵碱含量超过 20 毫克就有可能对人畜产生毒害。每百克正常马铃薯含龙葵碱 4～7 毫克，而每百克发芽或者变绿的部位含龙葵碱可高达 100 毫克。所以在处理这些马铃薯时，需要将变绿和发芽的部分削去，以防食用时中毒。

TIPS:

　　龙葵碱在 280～285 ℃的高温下才会分解，日常烹饪难以达到这个温度，靠蒸煮去除马铃薯的毒性并不可取。醋酸可以中和龙葵碱的毒性，醋熘土豆丝不失为一种安全而又美味的吃法。

参 考 文 献

曹瑞臣, 2012. 马铃薯饥荒灾难对爱尔兰的影响: 作物改变历史的一个范例 [J]. 中南大学学报 (社会科学版), 18 (6): 197-201.

陈冠, 1984. 贮藏马铃薯龙葵素的分布与含量 [J]. 食品科学 (9): 8-15.

黄凤玲, 张琳, 李先德, 等, 2017. 中国马铃薯产业发展现状及对策 [J]. 农业展望, 13 (1): 25-31.

金易, 晓琴, 1995. 加快马铃薯繁殖的几种方法 [J]. 农村经济与技术 (1): 50.

酒井伸雄, 2018. 改变近代文明的六种作物 [M]. 张蕊, 译. 重庆: 重庆大学出版社.

李美, 熊兴耀, 胡新喜, 等, 2012. 马铃薯龙葵素的研究进展 [J]. 湖南农业科学 (23): 84-88.

马炜梁, 2009. 植物学 [M]. 北京: 高等教育出版社.

钱永兰, 毛留喜, 周广胜, 2016. 全球主要粮食作物产量变化及其气象灾害风险评估 [J]. 农业工程学报, 32 (1): 226-235.

唐玲光, 1983. 发芽马铃薯中毒及其防治 [J]. 中国农村医学 (6): 58.

谢开云, 屈冬玉, 金黎平, 等, 2008. 中国马铃薯生产与世界先进国家的比较 [J]. 世界农业 (5): 35-38, 41.

MCNEILL W H, 1999. How the potato changed the world's history [J]. Social research, 66 (1): 67-83.

ZHANG C, YANG Z, TANG D, et al., 2021. Genome design of hybrid potato [J]. Cell, 184 (15): 3873-3883.

第十二章

大蒜

——咫尺之间，香臭两重天

学名：*Allium sativum* L.

英文名：Garlic

植物学分类：石蒜科葱属

小一枚蒜，生着一副白璧无瑕、温润如玉的文静模样，殊不知却隐藏着人世间最至情至性、大开大合的灵魂。凭借着上天赐予的独特"芬芳"，数千年来，大蒜在香臭之间游走自如，所向披靡。香则打遍天下无敌手，化身通吃全人类的味觉共识；臭则可在一秒间划定世界上最遥远的社交距离。不消说"天然广谱抗生素"的光环亘古闪耀，如今大蒜更是凭借着在医疗健康与绿色农业等领域的巨大潜能被寄予厚望。不管是过去还是未来，大蒜，从来都是那个让你不容小觑的"狠角色"。

大蒜种子在哪里

今天，大蒜早已在世界餐桌尊荣显赫，但却少有人见过大蒜的"种子"。你可能会感到奇怪，大蒜的种子不就是蒜瓣吗？小学自然课的时候应该都种过啊……其实吧，你这句话，对也不对，这里面就涉及植物的有性繁殖与无性繁殖问题。

植物繁殖系统包括无性繁殖和有性繁殖两大类。我们常说的种子从发芽、开花、结果又回到种子的生命轮回，就是很典型的有性繁殖。而还有很多植物因为各种原因，没有经历"结婚生子"，主动或被动地走上了"我复制粘贴我自己"的繁衍壮大之路，而这就是无性繁殖。

你当年埋在花盆里的蒜瓣并不是植物学意义上的种子，而是它的鳞芽，蒜头则是大蒜的鳞茎，所以你吃到的大蒜正是通过蒜瓣无性繁殖而来。我国是世界上最大的大蒜种植和出口国。每年秋天，山东、河南、江苏等主产区的蒜农们会挑选大个饱满、完整挺实的蒜瓣进行播种，蒜瓣尖儿朝上、根部朝下埋入土中。等到来年夏天，被给予厚望的蒜瓣们便会以"一瓣变十瓣"的"回报率"成长为我们熟悉的蒜头。这些饱含着丰收期盼的蒜瓣被蒜农们亲切地称为"蒜种"，因而在农业生产中，蒜瓣确实是大蒜毫无争议的"种子"。根据有关文献记载，早在公元前257年，开罗南部的法尤姆地区就曾用毛驴从亚历山大港拖回了大量的大蒜。那时的埃及人民已经掌握了将大蒜掰成蒜瓣，晒干后种植的高级"蒜"法。在今天的埃及，如果你泛舟沿着尼罗河顺流而下，依然可以看到络绎不绝满载着葱蒜的牛车和驴车在河边小路热闹前行。

不过，大蒜最早也是有种子的，在蒜的发源地哈萨克斯坦和吉尔吉斯斯坦，科研人员就曾发现了可以进行有性繁殖的野生蒜。但是在漫长的栽培和驯化过程中，由于人类的干预，我们日常吃的大蒜早已丧失了"产子"能力。为了食用肥厚的蒜瓣，人们热衷于选择鳞茎大的蒜而不选择开花结籽的品种，同时还会抽掉阻碍鳞茎生长的花茎，也就是我们平时常吃的蒜薹。这个步骤在生产中被称为"提蒜薹"。种种因素都阻碍了蒜的有性繁殖，导致了如今的大蒜无法结籽。

TIPS：
　　你可能很难想象大蒜开花的模样，其实葱属植物的花十分清新美丽。它们一般呈伞状结构，6瓣2圈，每圈3片花瓣，色彩斑斓，有蓝色、玫瑰色、紫罗兰色、白色、黄色等。荷兰是世界观赏性葱属植物鳞茎商品的主要生产商。

扒蒜，扒的是什么

对于每一个爱蒜人士来说，剥去大蒜的层层"外衣"一直是令人头疼的事情，网络上各种剥蒜妙招和神器也是层出不穷。尽管如此，怕麻烦的吃货还是会感叹如果大蒜没有蒜皮该多好。但如果你知道扒蒜的时候扒的是啥，也许就不会这么想了。

大蒜球最外层的蒜皮，是上一年蒜植株生长出的叶鞘，干燥以后形成的保护大蒜球的"外壳"。扒开蒜皮，蒜瓣便会现出真身，这时你还会发现众蒜瓣拥簇着的一根木质化的茎秆，而这就是上一年蒜植株留下的花茎。

蒜瓣，也就是大蒜鳞芽，由 2 层鳞片和 1 个幼芽所构成。内层为贮藏鳞片，肉质肥厚，其中储存了大量的营养物质和呈味物质。每个贮藏鳞片内还包藏 1 个幼芽，幼芽在开始生长后便会从贮藏鳞片上部的发芽孔钻出来。肥厚的贮藏鳞片在蒜瓣播种后，能够快速提供幼芽生长所需要的营养。在把全部营养物质都转移给幼芽后，这枚鳞叶在光荣使命完成后很快就会萎缩。所以，蒜瓣并不是生来就为了满足人们的味蕾，而是为了下一代贮藏足够营养的"补给站"。

蒜瓣的外层保护鳞片在鳞茎膨大期、贮藏期起着包裹贮藏鳞片、防止水分蒸发的作用。由于养分

TIPS:

这两年很时髦的独头蒜并不是什么新奇特殊的品种，而是多瓣蒜发生变异的结果。播种时间晚、缺肥缺水、遭受病虫害等原因都可能导致大蒜"发育不良"形成单瓣蒜，所以，各个品种的大蒜都可能产生独头蒜。

转移给了内层贮藏鳞片，最终它会逐渐干缩成膜状的蒜皮。这层干膜和可食用的大蒜贮藏鳞片贴合紧密，比较难剥离，正是平时我们扒蒜的难点和核心所在。

说了这么多，你会发现，蒜皮不仅不是什么多余麻烦的存在，还是蒜瓣们的"守护天使"。下次在享受美味的同时要从心底好好感谢它哦！

我来，我见，我征服

中亚的塔吉克斯坦、阿富汗和巴基斯坦等天山西北部地区是大蒜的中心发源地，也是大蒜最早被栽培种植的地区，但天赋异禀、骨骼清奇如大蒜，注定要成为征服这个世界的强者。

很早开始，大蒜就受到了古埃及以及地中海地区等古老文明的青睐。公元前 2300 年，在美索不达米亚平原，苏美尔人在泥板上用世界上最古老的文字——楔形文字，记录下了包括谷类、豆类、洋葱、大蒜、韭葱等在内他们钟爱的美味食谱；在古埃及，大蒜被统治者们大量配发给建造金字塔的工人们，帮助他们保持体力。可以说金字塔的建设，大蒜功不可没。在公元前 14 世纪埃及少年法老王图坦卡蒙的墓中，考古人员就发现了保存完好的大蒜。当然，它也同样令骁勇善战的古罗马军队痴迷不已，可能是"独乐乐不如众乐乐"，他们甚至还慷慨地将大蒜推荐给被征服土地的人民，尤其是北欧人民，"人们通过绘制蒜的区域图可以追随罗马军队的进军和帝国的扩张"。

谈笑间，樯橹灰飞烟灭，曾经强大骄傲的帝国早已消失在滚滚的历史车轮下，但人们对大蒜的喜爱却似乎成了永恒：德国人一日三餐离不开大蒜，早餐来份蒜香面包，抹上大蒜蜂蜜酱，午餐是蒜头炸鱼和蒜香通心粉，晚餐享用蒜油烹调的牛排。在法国普罗旺斯，当地人民最爱的除了漫山遍野的薰衣草，还有蒜泥蛋黄酱，辛辣的大蒜融入绵软的蛋黄酱，弥漫着浓浓的地中海风情。法式料理的"蒜味"代表还有大蒜奶油焗蜗牛、蒜香白葡萄酒贻贝，可以说蒜味是法式大餐必不可少的灵魂味道。

中国关于大蒜的引进和食用历史，要追溯到西汉时期。据汉代王逸所著的《正部》记载："张骞使还，始得大蒜、苜蓿。"众所周知，张骞是中国汉代杰出的外交家、旅行家、探险家，他受汉武帝派遣出使西域，本为联合大月氏抗击匈奴。虽然最后张骞因为种种原因并没有完成同大月氏建立联盟的任务，却开拓出一条以丝绸为主要贸易对象的"丝绸之路"，并沿着这条丝绸之路引入了核桃、苜蓿、石榴、胡萝卜和大蒜等作物。在那时，人们用来煮饭做菜的香料非常有限，常用的只有醋、盐、花椒等屈指可数的几种。大蒜被张骞引进后，种植于陕西关中地带。大家发现它味道浓烈，带有特殊的香气，简直是不可多得的中国菜好伴侣。

大蒜就这样很快风靡开来，成为中华食文化不可或缺的食材，得到了古往今来广大中国"吃货"的充分认可与推崇。它作为蔬菜与葱、韭并重，作为调料与盐、豉齐名。民间甚至有这样一句话"离开葱姜蒜，御厨也难办"。至今形成的八大菜系，虽然由于气候、地理、历史、物产及饮食风俗的不同，每个菜系的烹饪技艺和风味各不相同，但是无论是川菜的蒜泥白肉、鲁菜的蒜爆肉片、粤菜的蒜香排骨，还是苏菜的大蒜烧鳝段、浙菜的蒜爆目鱼花，没有谁能离开大蒜就开宗立派的。万万没想到，以甜咸之争为代表的中国各地口味对决竟然在吃蒜这件"小事儿"上达成了和解。

值得一提的是，2000 年之后，亚洲人民更是独辟蹊径，为全世界解锁了吃蒜新方法。2004 年，韩国发明家 Scott Kim 改良了起源于日本三重县的黑蒜工艺，使其成为风靡一时的蒜界新宠。看似"黑暗"气质十足的黑蒜，实际制作工艺并不复杂，就是用普通的新鲜大蒜在高温、高湿条件下加工一定时间而成的。除了直观上的"肤色"变化，"黑化"后的黑蒜一改生蒜的辛辣刺激，吃上去绵软酸甜，并且自带果冻口感，冲鼻的味道也消失了，可以说是一种风味独特又十分友好的食品。但是，至于某些商家强加于它的那些所谓神乎其神的"保健功能"就大可不必了。就目前的研究来看，黑蒜并不会给你带来额外的"健康功效"，更不能防病治病，请务必理智买蒜、吃蒜……

TIPS：

除了"暗夜系"黑蒜，蒜美食中另一位"变色"高手是中国北方的腊八蒜。如果你仔细观察会发现，腊八蒜最早是蓝色的，然后才会转为绿色，最后变成黄色。泡蒜色变的背后是不同色素物质浓度变化的结果，只有在正确腌制 15～40 天的蒜才会呈现绿色。

蒜到底是香的还是臭的

正所谓"甲之蜜糖，乙之砒霜"，香了自己臭了别人，爱与恨的根源都来自大蒜那说不清道不明、直击灵魂的特殊"芬芳"，爱之者更是亲昵地为它取了"恶臭玫瑰"（stinking rose）的"花名"。这种独特且浓烈的气味主要归功于大蒜"葱属"植物特有的化学物质——大蒜素（Allicin），一种具有挥发性的含硫化合物。

不过，大蒜素也不是大蒜生来就有的，而更像是遭遇危险时"应急防卫"的结果。大蒜为下一代储存在蒜瓣里丰富的养分物质，也令无数自然界的捕食者垂涎不已。正所谓"父母之爱子，则为之计深远"，大蒜为了子孙后代的安全殚精竭虑，苦心"研发"了一套堪称精妙的被动防御机关。它首先在体内合成了蒜氨酸（Alliin）和蒜氨酸酶（Alliinase）两大"保镖"，它们存在于大蒜细胞的不同区域，在风平浪静的日子里互不打扰、各自安好。但一旦发生危险，如强大的外力冲击，使得大蒜细胞结构遭到破坏，蒜氨酸和蒜氨酸酶就会即刻进入紧急状态，合体生成大蒜素这一终极武器。大蒜素凭借着辛辣刺激的口感与浓郁独特的气味令捕食者遭受来自味觉与嗅觉的双重打击，一套行云流水的操作下来堪称打击侵略者的完美双杀。有的人吃了生蒜会感到烧心想吐，正是进入肠道的大蒜素还在暗中发力。

但是让大蒜万万没想到的是，这种既危险又刺激的"受虐"体验非但没有让人类望而止步，反而让其深深沦陷、难以自拔，其中的很多人甚至到了"吃面不吃蒜，香味少一半"的程度，并且发展出了一套久经考验、充满着生活智慧的吃蒜哲学。比如刚刚采收的新蒜含水量高，越新鲜，味道越温和，和生姜一样，蒜也是老的辣；制作蒜蓉

大蒜

Allium sativum L.

蒜末时，拍打碾压出来的就要比切碎来得味儿足，这是因为"暴风雨"来得越猛烈，大蒜素也就释放得越充分。

不过，恣意刚烈如大蒜素，味道顶多也就算是比较上头、见仁见智，但远远达不到令人唯恐避之不及的程度。那些年你吃完蒜和我面对面谈天说地的"恐怖"回忆，实际并非大蒜素本身，而是它在人体内一系列的代谢产物。原来，大蒜素虽然战斗力彪悍，但是同时又非常"活泼"，极不稳定，反应性强。人在食用大蒜后，大蒜素会瞬间在口腔中代谢产生较高浓度的甲硫醇等硫醇物质及较低浓度的烯丙基甲基硫醚（AMS）等硫化物。不管是硫醇还是硫化物，这两类物质大多味道都不可描述……除了在口腔中制造"杀伤性"气体，大蒜素还会在肠道中经由一系列反应最后产生以 AMS 为主的硫化物气体，再经过肺部呼吸排出。这也就解释了为何吃过蒜的你可以长久保持口有余"香"的状态，就连呼吸也会变得很有味道。早在一个世纪前，英国草本植物学家约翰·帕切（John Pechey）就发现了大蒜这极具穿透力的惊人属性，"如果蒜涂于脚底，呼吸中也会有它的臭味……"研究人员甚至还曾发现母亲在生产前吃蒜，新生儿的口气里也会有蒜味。

另外需要引起注意的是，大蒜素可不单单引发"臭味"这么肤浅，它还极易引起人体敏感部位的刺激和灼伤，同时还会诱发过敏反应，一次性食用大量生蒜绝对不是明智之举。

对于不大能接受辛辣刺激的人来说，大蒜其实

TIPS：

　　苹果、猕猴桃、菠菜、罗勒等新鲜果蔬中的多酚物质能够有效"捕捉"口腔中的硫醇和二硫化物，是去除可怕难闻的大蒜味的最佳选择！

也可以很友好。如前所说，大蒜素并不是顽固分子，经过高温烹煮或者腌制后会进一步分解，褪去辛辣刺激的"防御层"，蒜的口感一下会变得柔和很多。尤其是加热条件下大蒜中丰富的糖分会发生"美拉德反应"，使得甜味逐渐占据上风，就这样人见人爱的"蒜香"口味热腾腾出锅啦。

大蒜：我与灵药的距离

很久很久以前，世界各地的人们不约而同发现了大蒜神奇的药用价值。成书于公元前 1550 年的埃及著名医学典籍《埃伯斯纸莎草书》（*The Ebers papyrus*）精确记录了 22 个以蒜入药的配方。被尊称为"西方医学之父"的希腊医学家希波克拉底在《希波克拉底全集》（*Hippocratic Corpus*）中描述了大蒜对于肺炎和伤口愈合的疗效。"药圣"李时珍在《本草纲目》中也曾记载："大蒜、其气熏烈，通五脏，达诸窍，祛寒湿，辟邪恶，消痈肿，化积食，此其功也"。

穿越漫长的历史与迥异的文化，蒜作为抗菌剂、杀虫剂、解毒剂等多种角色活跃于保卫人类生命健康的第一线，甚至还要承担对抗恶魔之眼、吸血鬼等颇具魔幻色彩的功能。直到 20 世纪 20 年代，链霉素和其他现代抗生素出现之前，蒜仍然被推荐用来治疗当时的不治之症肺结核，爱尔兰的一位医生甚至发明了用来治疗肺结核的蒜油吸入式面具。

不同时代的人们之所以对大蒜的能力深信不疑，大部分的原因仍然是它那辛辣刺激的气味使人产生了联想——既然蒜味连人都受不了，那么它对于疾病、动物也有相同的作用。基于这样的生活经验和主观意识，人们始终愿意相信大蒜具有防御疾病、治愈创伤的功能，大蒜与其他植物相比似乎被寄予了更多人类关于"万能灵药"的想象与厚望。

不过事实证明，那么多美好的信任与想象也不全是一厢情愿。1944年，美国化学家切斯特·卡瓦里托（Chester John Cavallito）和他的同事约翰·海斯·贝利（John Hays Bailey）首次从大蒜中分离并描述了一种特殊物质 $C_6H_{10}S_2O$，而这就是被科学界誉为"大蒜之心"（heart of garlic）的"大蒜素"。卡瓦里托发现，无论是天然的还是合成的大蒜素都具有明显的抗菌活性，在某些情况下与青霉素相近，这一观察也证实了众多古代医学典籍中关于大蒜"杀菌"的作用。之后，人类围绕"大蒜之心"掀起了新一轮大蒜医学研究的浪潮，并一直轰轰烈烈延续至今。

除了早已被证实的抗真菌与抗细菌的抗生活性，科学家们还发现如耐甲氧西林金黄色葡萄球菌（MRSA）等多种多重耐药菌对大蒜素敏感。更加值得期待的是，大蒜素还在抗氧化、抗癌、治疗心血管疾病与糖尿病及免疫调节等方面展现出了巨大的潜力。不过，有一说一，大蒜距离人们所想要它成为的那个梦想中的"万能灵药"还有很长的路要走，其中一个最突出的"卡脖子"问题仍然是大蒜素的化学不稳定性。大蒜素在被人体吸收后，会与人体内的生物硫醇物质与大量

TIPS:

目前，幽门螺杆菌慢性感染已被列为明确人类致癌物，很多人都听说过吃生蒜可以消灭幽门螺杆菌的说法。但事实上想单纯依靠吃蒜来杀死幽门螺杆菌不仅不现实，还有可能引起胃部灼伤，得不偿失。

的谷胱甘肽发生反应迅速失活，使得大蒜素真正应用于临床比较困难。

就像现实世界从来不存在超能英雄一样，大蒜自己也从来没想过有一天要成为拯救苍生的灵丹妙药。虽然关于大蒜灵药的传说仍然每日在层出不穷的商业广告里流传演绎，但聪明睿智如你，一定会本着实事求是的态度对大蒜保持一颗平常心。在日常生活中，暂且还是把它当成一件不可多得的美味，这也许便是对大蒜最大的尊重与赞美了。

参 考 文 献

艾瑞克·布洛克，2017. 神奇的葱蒜 [M]. 唐岑，译 . 北京：化学工业出版社 .

白冰，纪淑娟，王东梅，等，2011. 腊八蒜绿色素影响因素及护绿方法研究 [J].
食品工业科技，32（2）：129-132.

陈永清，2006. 大蒜素在烹调中的应用 [J]. 四川烹饪高等专科学校学报（4）：
13-14.

符家平，郭凤领，吴金平，等，2018. 独头蒜研究进展 [J]. 湖北农业科学，57
（S2）：11-12，16.

马炜梁，2009. 植物学 [M]. 北京：高等教育出版社 .

宋卫国，李宝聚，刘开启，2004. 大蒜化学成分及其抗菌活性机理研究进展 [J].
园艺学报（2）：263-268.

闫淼淼，许真，徐蝉，等，2010. 大蒜功能成分研究进展 [J]. 食品科学，31（5）：
312-318.

杨国力，2014-12-03 [2014-12-03]. 黑蒜，异军突起的新兴食品 [N/OL]. 中国
科学报（8）. https://news.sciencenet.cn/sbhtmlnews/2014/12/294678.shtm.

叶淼，刘春凤，李梓语，等，2022. 黑蒜的营养功能及其加工工艺研究进展 [J/
OL]. 食品与发酵工业，48（1）：292-300，307 [2021-06-09]. https://doi.org/
10.13995/j.cnki.11-1802/ts.027624.

张振武，李振洲，张宝凡，1983. 大蒜主要器官结构和生长动态的观察 [J]. 辽
宁农业科学（1）：40-44.

郑芷南，郑晓彤，2021-11-05 [2021-11-05]. 记者现场直击济南商河大蒜播种
[N/OL]. 山东商报 . http://www.readmeok.com/2021/11/5_113189.html.

BORLINGHAUS J, ALBRECHT F, GRUHLKE M C H, et al., 2014. Allicin: chemistry and biological properties[J]. Molecules, 19(8): 12591-12618.

BUTT M S, SULTAN M T, BUTT M S, et al., 2009. Garlic: nature's protection against physiological threats[J]. Critical reviews in food science and nutrition, 49(6): 538-551.

SALEHI B, ZUCCA P, ORHAN I E, et al., 2019. Allicin and health: A comprehensive review[J]. Trends in food science & technology, 86: 502-516.

第十三章

辣椒

——星星之火，可以燎原

学名：*Capsicum annuum* L.

英文名：Chilli pepper

植物学分类：茄科辣椒属

不管你身处何方，是否吃辣椒，是否喜欢辣椒，但你不可否认，辣椒几乎在世界所有的厨房灶间都找到了自己存在的位置。你最珍视的家人和朋友总有那么几个始终秉持着"无辣不欢"的"美食哲学"，辣椒不仅是经济统计数据中"世界消费量最大的调味品"，更是这繁华多姿的风味人间里万千饮食男女绽放于舌间、萦绕于心间，那最热情动人的红色焰火，但又有多少人知道这危险又迷人的火焰背后，竟也出自辣椒的一片爱"籽"苦心……

对不起，我是辣椒，不是胡椒

细数世界人民与辣椒的情分，除起源地美洲大陆外，其实都远比想象中的要"情深缘浅"，距今不过区区 500 年历史。而早在公元前 7000 年左右的墨西哥一带，人类已开始采集野生辣椒并用于烹饪。栽培辣椒的历史最早可以追溯到公元前 5000 年的墨西哥东南部地区，人们已经在这里将野生辣椒驯化为用于耕种与收获的作物。就这样，辣椒作为集一种常用食物、调味品、抗菌药品、军事武器等多功能于一身的重要农产品被美洲原住民视若珍宝、世代相传。

直到西班牙人的到来，一切发生了改变。1492 年，一心想要通过寻找胡椒、丁香、肉桂和生姜等利润丰厚的香料实现"一夜暴富"的哥伦布，在这片新大陆见到了辣椒，并记录在了日记里，此地盛产阿吉（aji），这是当地人的胡椒，而且比黑胡椒更值钱。所有人吃的调味品只有这一种，阿吉，吃它能够强身健体。也许是致富的执念过深，也许是被辣椒的魅力冲昏了头脑，尽管后来证明辣椒与胡椒从生物学角度没有任何关系，哥伦布始终坚信他发现的辣椒就是胡椒，把它叫作"pepper"。这个固执己见而又一厢情愿的错误举动一不小心影响了欧洲人的命名体系，从那时起，凡是辛辣物都被坚持冠以"pepper"。即便到了现在，辣椒和胡椒早已毫无瓜葛，pepper 仍然是甜椒的俗称。

一位自称为"匿名的征服者"的西班牙殖民者在《有关新西班牙的一些事物的叙述》中这样描绘 16 世纪美洲原住民们对辣椒的妙用和痴迷，阿兹特克族有一种和胡椒很像的植物，可以作为调味品，他们称它为辣椒，而且他们不论吃什么都要搭配辣椒。这可一点都没有夸张的成分，今天的你是不是很难想象辣椒味的巧克力是种什么"黑暗"口味？但事实是，在巧克力的发明者阿兹特克人的正宗原版里绝对不能少的一味就是辣椒了。这种被阿兹特克人称为 Chocolātl 的饮料，来自一种叫"可可"的种子。光有可可当然不够，为了调和热可可略显苦涩的口味，还需要加入很多的调味料，而其中首先出场的便是"辣椒水"，现在看来更加逻辑合理的香草精、鲜花或干花及蜂蜜都要排在辣椒水之后。

虽然辣椒没有能让哥伦布如愿大赚一笔，但它确实不负所托在日后成了风靡全球的重要食材。国际植物遗传资源委员会（International Board for Plant Genetic Resourees，IBPGR）在 1983 年综合各国的研究成果，将辣椒属（*Capsicum*）分为栽培种、未被利用的野生种和已被人们利用的其他辣椒种，共 32 个，其中人类栽培的辣椒都来源于

5 个种：一年生辣椒（*C. annuum* L.）、下垂辣椒（*C. baccatum* L.）、灌木辣椒（*C. frutescens* L.）、中国辣椒（*C. chinense* Jacq.）与绒毛辣椒（*C. pubescens* Ruiz & Pav.）。其中，属一年生辣椒的栽培范围最为广泛、分化最多。我们平常所见到的青椒、杭椒、线椒、朝天椒、甜椒等绝大多数辣椒都属于一年生辣椒。云南的小米辣、大米椒、大树椒、涮涮辣属于灌木辣椒，海南的黄灯笼椒则属于中国辣椒。这里需要注意的是，中国辣椒实际上并非起源于中国，和所有的辣椒伙伴一样来自南美洲。这个分类命名的乌龙是由于 18 世纪荷兰植物学家尼古拉斯·凡·雅克恩（Nikolaus von Jacquin）的一时疏忽，误以为其产自中国，因而取错了名。

辣，是什么

辣椒之所以辣，来源于其果实中特有的辣椒素类物质（capsicinoid），这是一类可以专门刺激包括人类在内的哺乳动物的神经末梢从而产生灼烧感的混合物。实际上，不仅不同的辣椒品种辣味不同，同一个辣椒不同部位同样存在差异。直到如今，我们大多数人仍然会同 500 年前的欧洲人刚刚接触辣椒时一样，毫无疑问地觉得辣椒最辣的部位绝对是辣椒籽，也就是辣椒的种子。但这其实是一个在中外都广为流传的误识，一个辣椒最辣的部位是它的胎座和隔膜。胎座就是长辣椒籽的地方，隔膜则是我们俗称的"筋"。辣椒素正是在辣椒胎座和隔膜上的腺体细胞中合成，然后通过子房隔膜运输到果肉表皮细胞。因此，一个辣椒中，胎座和隔膜是最辣的，果肉居中，种子的辣味垫底。所以说，做菜时想要通过去除辣椒籽来降低辣度，可以说几乎没有太大作用。

正所谓可怜天下父母心，如人类父母一般，辣椒进化出这么一套火爆的自我防御机制背后，同样也是一切为了孩子——辣椒籽的良苦用心。长着一口好牙、可以轻松嚼碎种子的哺乳动物是辣椒种子传播的最大敌人，而没有牙，能让种子完好无损地通过消化道同时无法感受辣味的鸟类则是能够带领种子们远走高飞、展开世界旅行的不二之选。辣椒素正是辣椒为了防止这些对传播种子毫无贡献还妄图夺取胜利果实的"危险"哺乳动物们发出的最强警告。

2021年诺贝尔生理学或医学奖获奖者之一的美国科学家戴维·朱利叶斯（David Julius）正是因为彻底搞清楚了"吃辣为什么能让你感到火辣辣"而获此殊荣。虽然很早人们就已发现辣不是一种味觉，而是一种痛感，辣椒素可以激活神经细胞、造成痛感，但是辣椒素发挥作用的机制仍是未解之谜。朱利叶斯和同事们创建了一个包含百万个DNA片段的数据库，这些片段对应的是在感觉神经元中表达的基因，它们可以对疼痛、热、触觉作出反应。通过一个个的试探，他们最终找到了负责感受辣椒素的基因。由这个基因表达出的蛋白质受体后来被命名为TRPV1。直到TRPV1受体的发现，我们才知道，高温和辣椒素可以通过打开TRPV1受体激活神经末梢，最终传递到大脑痛觉感觉中枢和温度中枢，这从机制上解释了，为什么辣椒同时能带来痛感和"灼烧感"。

然而，世上很多事情总是这般的事与愿违，为了抵御人类所制造的疼痛感和灼烧感，不仅没有吓退大多数人类，甚至刺激这些"敌人"的大脑释放出一种止痛物质——内啡肽（endorphin），令他们产生愉悦与快感。心理学家将这一行为称为"良性自虐"（benign masochism），吃辣椒和看恐怖片、坐过山车一样，这种人类在安全范围内对危险的掌控感，反而能将消极体验转变为积极体验。这也解释了为什么有的嗜辣狂魔们被辣得大汗淋漓、满嘴喷火，却仍旧欲罢不能。

然而，一个新的有趣的话题也接踵而至，既然辣椒为"生"而辣，那么为什么世界上还有那么多不辣的辣椒存在呢？答案同样是为了生存。研究人员发现，除了"可怕而危险的"哺乳动物，在一些特定气候条件下昆虫和真菌同样会成为辣椒的"大敌"。一般来说，潮湿环境下使得真菌更容易通过被虫子咬破的"伤口"乘虚而入，在种子上形成菌群，试图将种子扼杀于襁褓之中。辣椒素再次成了关键性的防御武器，上演一出火爆非凡的"辣手摧菌"攻防战，令真菌难以招架，从而大大降低辣椒感染真菌的概率。但在气候干燥地区，空气湿度低，昆虫数量较少，这里的辣椒不需要通过生产过多的辣椒素来抵抗真菌，自然也就没有那么辣了。

由于生态多样性以及后期的人为干预，辣味的谱系愈发参差多元，一套能够将这大千世界里各式各样、深浅不一的辣精确量化表达出来的测量体系成为众望所归。1912 年，美国药剂师威尔伯·史高维尔（Wilbur Scoville）设计出了一套被称为"史高维尔感官测试"（Scoville Organoleptic Test）的实验方法来测量不同辣椒中的辣椒素含量。首先将辣椒干燥处理并研磨成粉末，然后将其溶解于酒精后提取其中的辣椒素油（没错，辣椒素是能够溶于酒精的），接着将一单位的萃取物放入糖水中稀释，使其浓度逐渐降低，直到由 5 位专业品尝师组成的鉴定团中的多数（3 人以上）尝不出辣味为止。此时辣椒的辣度可以通过糖水的稀释程度反映出来，例如，必须以 50 万倍溶液稀释的干辣椒提取物，其辣度指数为 50 万 SHU，即史高维尔指数。史高维尔指数依赖的仍然是个体的主观判断，而 20 世纪 80 年代高效液相色谱法（High Performance Liquid Chromatography）的发明为辣度测量提供了一种更为客观的方法。尽管如此，不管是辣椒还是辣椒油、辣椒酱，史高维尔指数仍然是辣椒行业衡量辣度的首选指标。人们还是会将高效液相色谱法的测量值换算为 SHU，便于国际通用。

根据相关数据测定，一点也不辣的甜椒的 SHU 为 0，羊角椒、线椒等"大众口味"的辣椒辣度一般都在 5 万 SHU 以下，泡椒凤爪里的朝天椒可以达到 10 万 SHU，酸汤肥牛的灵魂调味的海南黄灯笼椒更是高达 15 万 SHU，还有被称为中国第一辣的云南"涮涮辣"则已经进军到了百万级别，辣度是 100 万 SHU。但即便辣如魔鬼的"涮涮辣"放到世界辣椒的竞技场瞬间就会略显"平平无奇"，因为要想成为世界上最辣的辣椒之一，SHU 基本要从 100 万起跳。全世界的辣椒狂热爱好者们本着"没有最辣，只有更辣"的基本原则，开启了一场永无止境的"王者争霸"。

2007 年，来自印度东部的断魂椒（又名印度鬼椒）最先正式突破 100 万 SHU，率先"封神"。但很快这个神话就被打破，2013 年，来自美国南卡罗来纳州的卡罗来纳死神辣椒以 220 万 SHU 的辣度，成为当时世界上最辣的辣椒，并在较长的一段时间里雄踞最辣辣椒榜首。2017 年，由英国诺丁汉大学的研究人员与农民麦克·史密斯（Mike Smith）共同研发的龙息辣椒成为新晋"地表最强辣椒"。龙息辣椒虽然看起来不起眼，只有一粒花生米大小，但辣度却达到了 248 万 SHU，这可比民用催泪瓦斯的辣椒喷雾还要辣！只需舔一小口，你的嘴巴就会瞬间麻掉。误食龙息辣椒可能会令你陷入过敏性休克，甚至死亡，堪称舌尖上的"核弹"。鉴于龙息辣椒的惊人威力，科学家考虑将其开发为常规药物过敏人群的替代麻醉剂。

那么如果你已经不幸中招，嘴里"辣"火中烧、嗓子冒烟，这时候有没有可以成功解辣的自救小妙招呢？不消说，你的第一反应当然是喝水了。对不起，喝水不仅不会解辣，还有可能越喝越辣。研究发现，当你本来只是感到舌尖只有一点点辣的时候喝水，情况很可能变得更糟，你的整个口腔都会辣到爆炸。前面提到，辣味来源于辣椒素，它是一种疏水亲脂的物质，不溶于水但易溶于脂肪和酒精。另外，存在于所有乳制品中的酪蛋白也可以有效地将辣椒素从口腔中"打包带走"。所以，牛奶、酸奶、冰激凌以及川渝人民永远的火锅灵魂伴侣——油碟和豆奶，甚至一两口冰镇葡萄酒都是比水要靠谱的正确选择。

中国人的辣椒革命

四川的麻婆豆腐、湖南的辣椒炒肉、云南的涮涮辣蘸水、贵州的酸汤鱼、江西的红烧黄丫头、广西的螺蛳粉、东三省的朝鲜族辣白菜、陕西的油泼辣子……辣以当仁不让的姿态独步于五味之间，既可大开大合仅凭一己之力统摄四海八荒的味蕾，又可游刃有余携手酸甜苦咸缔造变幻莫测的辣味宇宙。吃香喝辣，酣畅淋漓之间，时常令人一时恍惚，不由产生这样的错觉——辣椒，仿佛很久以前就已深深刻入中国人的味觉 DNA，忘却了它作为一个舶来品传入中国不过 400 年的时间。

明朝中后期，也就是 15 世纪、16 世纪，伴随着轰轰烈烈的"哥伦

辣椒

Capsicum annuum L.

布大交换"的宏大浪潮，辣椒与甘薯、玉米、花生、番茄、南瓜、烟草等一大批原产于美洲的作物来到中国，对中国的农业生产与人民生活产生了极为深远的影响，继而影响了中国此后400年的经济和政治格局。

那么问题来了，热爱美食且极富烹饪天赋的中国先民们是如何能度过这些没有辣椒的漫长岁月的呢？其实大可不必为他们担心，虽然没有辣椒，善于调味的中国人很早就掌握了利用花椒、姜、茱萸、扶留藤、桂、芥辣等食材制造辛辣的口感。这其中，尤其以花椒、姜、茱萸使用最多，被誉为中国民间三大辛辣调料，并称"三香"。花椒居"三香"之首，在辣椒进入中国之前，主导了中国辛辣界长达2 000多年。有学者对历代菜谱进行统计发现，22％的食物中都要加入花椒，最高峰时期的唐朝达到了37％。中国古代文献单字"椒"一般指的是花椒而非辣椒。《诗经·周颂·载芟》中"有椒其馨，胡考之宁"描绘的便是周王在秋收后，用椒酒祭祀宗庙，祈福上苍，祝愿老人长寿安康的场景。汉室宫廷兴起以花椒和泥涂壁建造"椒房"的习俗，取的正是花椒温暖、芳香、多子的寓意。然而，温柔馨香的古典美人终究没能敌得过娇媚明艳的异域"辣妹"，辣椒以其新奇而特别的舌尖体验彻底征服了广袤的神州大地，花椒退守至四川盆地内，茱萸则几乎完全退出了辛香用料圈。

知名辣椒爱好者毛泽东主席曾有名言"不吃辣子不革命"。可以说为这种天生红色热烈的事物赋予了光荣而崇高的精神隐喻。所有伟大的革命不可能一帆风顺，也不可能一蹴而就，而辣椒正有如那星星之火历经艰辛曲折终成燎原之势。

目前普遍认为，辣椒传入中国最早的落脚点是浙江，而后通过不同的路线不止一次传入了不同的品种。因而，这也就解释了为何辣椒在全国各地拥有各种不同叫法，东北、华北和西北地区叫番椒、秦椒，浙江、安徽叫辣茄，湖南、贵州、四川叫海椒、辣子，广东、广西叫辣椒，湖北叫赛胡椒，还有一些地方叫辣角、辣火、辣虎等。

我国现存最早有关辣椒的文献记载来自明高濂所著《遵生八笺》（1591年）中《燕闲清赏笺·四时花纪》："番椒丛生，白花，果俨似秃笔头，味辣色红，甚可观"。可见杭州人高濂在1591年之前就已知道辣椒，并将这种外来植物称作"番椒"。但同时我们也可以读出另一层信息，也许是由于传播过程中信息的偶然丢失或者人为的排除，导致辣椒在进入中国后的很长一段时间里并非作为食物，而是作为一种观赏植物存在。辣椒这种"怀才不遇"的状况持续了100多年，直到清康熙年间《花镜》（1688年）、《广群芳谱》（1708年）等园艺著作仍然将辣椒收入在内。

那么"乱入"花草世界的辣椒何时才成功突围，登陆中国人的餐桌呢？成书于康熙六十一年（1722年）的贵州地方志《思州府志》留下了最早食用辣椒的记载："海椒，俗称辣火，土苗用以代盐"。众所周知，食盐是人类生存的必需品，在盐相对匮乏的西南地区，老百姓为了节约用盐，发明了五花八门的"代盐"大法。在辣椒之前，就有什么以草木灰代盐、以酸代盐、以硝代盐，听着可能挺怪的，但是千般万般都是劳苦大众为了少吃两口盐的无奈之举。就这样，严重缺盐的贵州山民们在尝试了多种"代盐物"后，最终选择了辣椒。到了乾隆年间，吃辣已经在贵州地区流行开来，并且带动了与贵州相邻的云南镇雄和湖南辰州府开始吃辣。这股势不可挡的"辣火"逐渐燃烧蔓延至湖南、四川、云南等西南地区，并形成了中国传统辣味饮食区域。

清末《清稗类钞》记载："滇、黔、湘、蜀嗜辛辣品。"此时的辣椒早已从那个曾经略显卑微的"食盐替身"逆袭成长为了"每饭每菜，非辣不可"的调味担当。辣椒之所以能在200年实现了逆风翻盘与迅速扩张，最根本的原因仍然是它广泛的生态适应性，对于温度、湿度、日照、土壤等环境条件的要求都不高，对于中国绝大地区都是一种非常友好的蔬菜作物，并且产量也很高。集合了好种、高产、美味三大优势于一身的辣椒岂有不红之理？

时间来到当代，这热烈迷人的红色火焰不仅长盛不衰而且愈演愈烈。近40年来，中国经历了史无前例的大规模人口流动，从根本上改变了原有的口味地域格局。改革开放后，在以水煮鱼、麻辣香锅及麻辣小龙虾领衔的3次辣味冲击波的强烈攻势下，身处传统"清淡区"的人们也逐渐"重口味化"，辣味继而演变成了一种国民口味。越来越多的人习惯吃辣，爱上吃辣，无辣不欢。有学者按照饮食辣度绘制出了中国吃辣地图，划分为3个辛辣口味层次地区：长江上中游辛辣重区，包括四川、湖南、贵州等地；北方微辣区，东及渤海湾，包括北京、山东等地，西经山西、陕北、甘肃大部、青海到新疆；东南沿海淡味区，包括江苏、上海、浙江、福建、广东等地。经常会听到一句话叫"四川人不怕辣，江西人辣不怕，湖南人怕不辣"，来总结顶级辣区人民的吃辣能力，但其实这句话是身为湖南人的毛泽东主席的一句打趣之语。若要严肃认真起来计较哪个地方最能吃辣的话，那可就是神仙打架，难分高下了。

无论是火锅、烤串、麻辣烫还是辣条、鸭脖、小鱼干，吃辣已经成了这届年轻人建立友谊、融入圈子的社交必备技能。根据《中国餐饮大数据2020》显示，90后、95后、00后对"辣"的喜爱比例均超过了 50 %。没有什么事情是一顿火锅解决不了的。如果有，那就两顿！相反，一点辣不能吃则可能被视为一种新型社交绝症。从寄托数代游子乡愁的老干妈到卖爆海外的神秘东方特色零食辣条，中国人不断迭代升级的辣味宇宙创造了一个又一个产业神话。

正是在这样蓬勃强劲的发展动力加持下，辣椒终于在 2015 年，一举超越多年擂主大白菜成为我国种植面积最大的蔬菜。同时，我国不仅是辣椒生产和消费大国，还是进出口大国。其中，我国干辣椒从 2016 年开始出口量迅速上升。2019 年，中国出口干辣椒超过 20 万吨，进口干辣椒超过 16 万吨。墨西哥、美国、马来西亚和泰国等地已成为我国干辣椒的主要出口国。

长期以来，我们的辣椒育种家们也在为了培育出让产业更兴旺、消费者们更满意的新品种而不懈奋斗。20 世纪 80 年代，江苏省农业科学院育成了我国第一个杂交辣椒品种早丰 1 号，成为当时全国种植面积最大的辣椒品种。湖南省蔬菜研究所选育的湘研系列辣椒，不仅在国内大受欢迎，还在海外 35 个国家试种成功，成为当时世界种植面积最大的品种。正是在一代又一代育种人的努力下，我国辣椒品种基本实现了自给，我们平常吃的辣椒大多是国产品种。目前，辣椒品种也进入了供给侧改革和质量发展的阶段，育种家们正在加紧培育皮薄、香辣、高维生素 C 的鲜食辣椒，以及高辣度、高色价的加工专用型辣椒。

参 考 文 献

蔡永艳, 郝会娟, 关振亚, 等, 2021. 辣风味研究及其常见辣椒品种品质分析 [J]. 中国调味品, 46(9): 193-196.

曹雨, 2019. 中国食辣史 [M]. 北京: 北京联合出版公司 .

常晓轲, 张强, 韩娅楠, 等, 2019. 不同类型辣椒中辣椒素含量测定及辣度分析 [J]. 中国瓜菜, 32(9): 30-33.

成善汉, 贺申魁, 陈文斌, 等, 2009. 不同基因型辣椒的辣椒素含量测定和辣度级别分析 [J]. 海南大学学报(自然科学版), 27(1): 38-42.

海伦·拜纳姆, 威廉姆·拜纳姆, 2017. 植物发现之旅 [M]. 戴琪, 译 . 北京: 中国摄影出版社 .

蒋慕东, 王思明, 2005. 辣椒在中国的传播及其影响 [J]. 中国农史(2): 17-27.

蓝勇, 2006. 生活在辣椒时代 [J]. 辣椒杂志(4): 45-49.

斯图尔特·沃尔顿, 2019. 魔鬼的晚餐 [M]. 艾栗斯, 译 . 北京: 社会科学文献出版社 .

王立浩, 张宝玺, 张正海, 等, 2021. "十三五"我国辣椒育种研究进展、产业现状及展望 [J]. 中国蔬菜(2): 21-29.

张西露, 毛亦卉, 向拉蛟, 2008. 国内外辣椒产业研究开发的现状分析 [J]. 辣椒杂志(1): 1-5.

钟茜妮, 2020-10-02 [2020-10-02]. 这些"成都串串"连成都人都没听说, 凭啥火遍全国? [N/OL]. 红星新闻 . https://baijiahao.baidu.com/s?id=1679420278227285629&wfr=spider&for=pc.

邹学校, 马艳青, 戴雄泽, 等, 2020. 辣椒在中国的传播与产业发展 [J]. 园艺学报, 47(9): 1715-1726.

CATERINA M J, SCHUMACHER M A, TOMINAGA M, et al., 1997. The capsa-icin receptor: a heat-activated ion channel in the pain pathway [J]. Nature, 389 (6653): 816-824.

The Nobel Assembly at Karolinska Institutet, (2021-10-04)[2021-10-04]. Press release: the Nobel Prize in physiology or medicine2021[EB/OL]. https://www.nobelprize.org/prizes/medicine/2021/press-release/.

第十四章

香蕉
——消失的种子

学名：*Musa* spp.

英文名：Banana and Plantain

植物学分类：芭蕉科芭蕉属

众多水果之中食用最方便的莫过于香蕉了。只要三两下剥开黄色的外皮，就可以吃到香甜的果肉，既不需要工具，也不用吐籽，简直太省事儿了！有人说香蕉是世界上第一种快餐，真是一点也不夸张。无籽西瓜、无籽葡萄、无籽荔枝……无籽的水果越来越多，但似乎只有香蕉，从我们有记忆以来，就一直是没有籽的样子。作为当之无愧的"无籽水果鼻祖"，只有香蕉能够真正体会"舍弃小我，成就大我"的生命真谛。我们似乎从来不缺少香蕉，但其实它时刻行走在灭绝的边缘，等待人类的救援。

未曾谋面的香蕉籽

一根不到巴掌长的香蕉之中，密密麻麻挤满了绿豆大小的棕黑色颗粒，这就是你未曾谋面的香蕉籽，它们大多出没于野生品种之中。野生香蕉的果肉又少又涩，无法食用，与市场中售卖的栽培香蕉有着天壤之别。

与无籽西瓜、无籽葡萄等通过人工诱导获得的"年轻"无籽水果不同，这种失去种子的生活，香蕉已经经历了数千年。虽然对于香蕉早期进化的具体时间难以确定，科学家们认为主要的进化可能在几千年前就已经发生了。*M. acuminata* 和 *M. balbisiana* 这 2 种野生蕉被认为是栽培香蕉的祖先。最初人们吃到的香蕉也是有种子的野生蕉类，在漫长的岁月中产生了天然杂交种和变异种，种子消失但依然可以形成果实，这种子房不经过授粉受精就可以直接发育成果实的现象被称为单性结实（parthenocarpy）。开花但不结籽的香蕉长出的果实反而肉质柔嫩芳香、滋味浓郁甜美，获得了人们的青睐，再经过人类长期的选育与改良，逐渐形成了今天没有种子的香蕉栽培种。现在我们吃香蕉时看到的果肉中心那淡淡的褐色小点，实际上并不是"种子"，而是香蕉夭折的胚珠。

　　香蕉是人类最早驯化的植物之一，起源于东南亚与太平洋西部。早在 7 000 年前，巴布亚新几内亚就有了人类驯化香蕉的痕迹。公元前 600—前 500 年，印度梵文叙事诗中曾留下了关于香蕉种植的记录，这是香蕉种植最早的文字记载。公元前 5 世纪，香蕉传入非洲。葡萄牙人在 15 世纪将香蕉从西非传播到了加那利群岛，再于 16 世纪传播到了海地，继而传入整个美洲新大陆。如今香蕉的分布已遍布世界五大洲的 120 多个国家和地区。

　　由于无籽的特性，在这么长的时间内，香蕉一直依赖着无性繁殖的方式繁衍着——类似于竹子，一株香蕉树 [①] 会在开花结果之后枯萎死亡，需要一代代种下新的香蕉树才能维持。在 20 世纪 70 年代之前，蕉农们还使用着传统的 2 种繁殖方法：在较干旱的地区，人们将香蕉球茎挖出，切除地上的部分，再切成长有芽眼的几块，防腐处理后直接种植进大田；另一种方法则是从上一株香蕉树的球茎上直接铲下长出的吸芽进行育苗。

---

① 尽管人们称为"香蕉树"，但实际上香蕉并不是木本植物，而是草本植物。

　　香蕉这种无性繁殖的种植模式，使得每一株新长成的香蕉树，基因都与最初的母株完全一致，这犹如一把双刃剑令世世代代的果农们又爱又恨。一方面，它简化了香蕉种苗的繁育过程，大大缩短了植株的生育期，并且完美保留了母株所有的优良基因；但另一方面，这种种植模式却也导致了香蕉的遗传背景变窄，不利于品种的提升进化。只要有一株香蕉树染病，便会迅速传染整片香蕉园，很容易遭到"团灭"。

　　正是这种狭窄单一的遗传背景，致使香蕉长期以来难以摆脱灭绝的风险。在 20 世纪中叶以前，占据全球香蕉贸易市场的还不是我们如今吃的香蕉，而是一种叫大米歇尔（Gros Michel）的香蕉，又名大蜜舍、大蜜哈、大米七、大麦克。据记载，大米歇尔皮厚、外观漂亮、口感好、耐运输，一度是世界贸易商最重要的香蕉品种，但它最大的缺点就是极易感染香蕉枯萎病（fusarium wilt）。20 世纪上半叶，一种由枯萎病 1 号热带生理小种的病菌引起的香蕉枯萎病迅速席卷全球的香蕉种植园，令大米歇尔几近灭绝，被迫退出了全球市场。美国人甚至写了一首歌 *Yes! We Have No Bananas*，记录了对香蕉灭绝的担忧。

　　所幸，香蕉商人又找到了一种卡文迪许蕉（Cavendish），能够抵抗这种枯萎病，并广泛种植，至今全球香蕉市场上绝大部分的香蕉都是这个品种。不过人无千日好，花无百日红。20 世纪末，一种新的枯萎病 4 号生理小种再次肆虐，卡文迪许蕉也开始陷入灭绝的危险之中。

　　寻找新的替代品种刻不容缓，人们为了解决香蕉的抗病问题，探索尝试了各种不同的解决方法。20 世纪 20 年代以来，以联合果品公司在巴拿马建立香蕉育种计划为发端，科学家们对香蕉抗病品种的研究从未停止过。20 世纪 70 年代，我国台湾科学家马溯轩和许圳涂创立了香蕉组培苗培育的方法，这种方法不仅可以保证无菌，还可以在短期内繁殖出大量蕉苗，同时也确保了生长的整齐度，便于生产者预测花期和收获期。它很快代替了传统的吸芽与球茎 2 种繁殖方式，成为香蕉育苗的主要方法。1984 年，洪都拉斯政府建立了 FHIA（Fundación Hondureña de Investigación Agrícola），在联合果品公司前期的研究基础上，利用传统杂交技术选育出了对枯萎病 4 号生理小种具有抗病性的 FHIA-01、FHIA-21 等品种。然而，由于香蕉不育的特点，研究人员在杂交育种的过程中难以获得足够多的种子，并且只有不到 1/2 的种子具有萌发潜力。科学家们推测，香蕉的这种不育特性应该是基因结构与遗传因素共同导致，不同香蕉品种遗传亲缘关系较远，亲本染色体无法配对，因而难以产生可育的胚珠和花粉。

最近，英国剑桥大学格雷戈·里维斯（Greg Reeves）为首的英国剑桥大学研究团队另辟蹊径，成功实现了香蕉嫁接技术。这项研究于 2021 年 12 月在国际著名期刊《自然》上发表，为香蕉育种提供了全新的思路，有望帮助香蕉摆脱灭绝的风险。尽管嫁接技术历史悠久，早已被广泛应用于园艺和种植业中，但它一直只适用于双子叶植物，包括水稻与小麦等重要粮食作物在内的全球六万多种单子叶植物，此前一直被认为是不适合进行嫁接的。香蕉嫁接技术的成功打破了这一传统观念，以往对于植物品种的定向改良往往要经过十几年甚至多代人的辛苦探索，并

TIPS:

香蕉属于呼吸跃变型水果，青绿色的时候就需采摘，之后再行催熟，需要一个后熟过程。

且有时候结果还不一定尽如人意。如果这项嫁接技术能够大规模地成功应用于作物上，它们不仅能长得更好，还能提高耐生物胁迫与非生物胁迫能力，对于人口与粮食问题的解决将起到极大的帮助。

香蕉的全球化之路

虽然香蕉是一种非常古老的水果，但它被广泛种植、风靡全球的发迹之路却是从 19 世纪末才开始。欧洲的气候并不适合种植香蕉，在地理大发现之后，殖民地为他们解决了这一难题，香蕉种植园逐渐兴起。19 世纪末，波士顿水果公司将非洲的香蕉贩卖回美国获得了成功，之后它与热带贸易运输公司合并成立联合果品公司，大量扩建香蕉农场，香蕉的价格被压低至美国其他水果价格的 1/2 以内。联合果品公司的商船在美洲、亚洲、欧洲、非洲之间往来，垄断了香蕉从种植到贩卖的每一道环节。除了改良船只以外，他们争取来当地的优惠政策，压榨工人和奴隶，控制铁路、豢养军队……对全球商业、农业、社会文化与人口移动等影响巨大。殖民地香蕉园不仅能为商人带来巨大的利益，还能就地养活种植园中的工人奴隶，对甘蔗园来说香蕉还是一种很好的间作作物，实在是一种一举多得的好作物。

此外，香蕉的全球化也离不开冷链运输的发展。现代科学研究发现，香蕉是典型的冷敏水果，最佳贮运温度为 11～13 ℃。它对于温度的反应十分敏感，运输过程中温度高了，很快就会腐败变质。温度低了，又容易发生冷害。而对于冷链技术尚未诞生的 19 世纪，配备成本

香蕉
Musa spp.

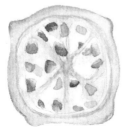

高昂的冰块冷藏保鲜，当然也不在逐利商人的考虑范围内。众多因素叠加，导致当时的香蕉运输仍然是一项风险很高的生意。直到 20 世纪初，香蕉商人唯一可以用来争取时间的武器仍然只有速度。想要把香蕉运得更远，卖得更多，合理的时间，合理的温度，合理的成本，缺一不可。1903 年，联合果品公司启用了第一艘应用人工制冷技术的货船。人工冷藏船的效果想必是相当令人满意的，因为就在第二年，同款的船只已经进入批量化生产。在这之后，香蕉才算真正走入了寻常百姓家，成为即使不在产地也能轻松吃到的常见水果之一。

如今，全世界每年生产大约 1.1 亿吨香蕉，在全球鲜果贸易中仅次于柑橘。作为举足轻重的世界级大宗农产品，20 世纪 90 年代还曾在美国与欧盟之间引发了一场历时 16 年之久的香蕉贸易战，这场旷日持久的"香蕉大战"被称为史上最长贸易战。当时，虽然美国本土除夏威夷外并不生产香蕉，但通过金吉达（Chiquita Brands International）、德尔蒙（Del Monte Fresh Produce）、都乐（Dole Fresh Fruit Co.）这 3 家大型跨国果品公司占据了全球香蕉市场 70% 左右的份额，控制着世界香蕉的生产和贸易。欧盟则是世界上最大的香蕉市场之一，年均进口香蕉 400 万吨，零售总价值达 50 亿美元，利润约为 10 亿美元，如此巨大的"蛋糕"向来都是"兵家必争之地"。

1993 年，欧盟开始实施"香蕉共同市场政策"，给予非洲、加勒比、太平洋地区前殖民地国家特殊优惠待遇，包括免关税和进口配额。但对拉丁美洲国家的香蕉进口则没有制定类似的优惠政策，要知道在此之前，欧盟市场 70% 以上的香蕉都是来自拉美国家，而拉美国家香蕉的出口主要就是由金吉达与都乐掌控。此举犹如一枚重磅炸弹投向了美洲大陆，引发了美国和厄瓜多尔、哥伦比亚、哥斯达黎加等拉美香蕉主产国的强烈不满。以金吉达公司为例，在 1992 年末，其占欧盟进口香蕉市场份额的 40%，而在新的制度实行后下降到不足 20%。

在磋商谈判破裂之后，1995 年，厄瓜多尔及其他 5 个拉丁美洲国家将欧盟告到了世界贸易组织（World Trade Organization，WTO）。之后数年间，双方你来我往，僵持不下，最终这场长达 20 年的香蕉大战终于在 2012 年 11 月以欧盟与拉美国家签署协议宣告结束。

近年来，随着佳农（Goodfarmer）等新兴竞争者的加入及大型连锁超市直接对接种植园，香蕉三巨头在全球范围内的影响力已明显下降。巨头力量的削弱取而代之的是更加多元兴旺的产业发展生态，中小香蕉园得到了更大的发展空间，未来有关香蕉种植与营销的竞争将愈演愈烈。

> TIPS：
>
> 厄瓜多尔是世界上最大的香蕉出口国，素有"香蕉王国"之称。从殖民时期的 18 世纪起，香蕉就是厄瓜多尔的主要出口商品之一。目前，厄瓜多尔大部分的香蕉园都已经转型为科技型香蕉园，在香蕉培育领域也同样领先全球。

香蕉真的可以当"饭"吃

你一定想不到，除了是世界上最受欢迎的水果，香蕉还是联合国粮食及农业组织（Food and Agriculture Organization of the United Nations，FAO）确认的发展中国家的第四大粮食作物（仅次于水稻、小麦和玉米）。作为粮食的香蕉被称为 plantain，国内没有统一的译法，大多翻译为大蕉、芭蕉、饭蕉，淀粉含量较高，外皮呈现绿色即供食用。

对许多热带亚热带国家，尤其是非洲地区的人们来说，赖以生存的主食既不是米面也不是玉米，而是这种饭蕉。它含有丰富的维生素、微量元素、膳食纤维等，能提供大部分人类活动所需的热量。当地超过 1/4 的美食都有它的身影。一般在经过蒸、炸、烤等方式烹饪之后端上餐桌。在乌干达，奉上香蕉汁是待客的最高礼仪，他们的国酒"瓦拉吉"也是用香蕉酿制的。

香蕉营养虽丰富，却不能解决非洲人民长期缺乏微量元素，尤其是维生素 A 的问题。非洲有大约 1/3 的妇女和儿童缺乏维生素 A，每年都有无数的婴儿与儿童因缺乏维生素 A 而失明甚至死亡。维生素 A 是非常敏感的物质，遇到阳光和高温都会失效。因此，经过高温煮食的香蕉中的维生素几乎都流失了。21 世纪以来，乌干达等非洲国家与一些英、美、澳机构积极合作，选择了当地人青睐的主食香蕉，致力于培育高维生素

TIPS：

人们剥香蕉分成了三派：从柄剥开、从尖端剥开和从中间掰开。

A 与高铁的香蕉品种，旨在解决非洲人民微量元素缺乏的问题。

参 考 文 献

DK 出版社, 2021. DK 食物的故事: 美味食材的溯源之旅 [M]. 覃清方, 陈奕铿, 译. 武汉: 华中科学技术大学出版社.

付岗, 2015. 香蕉病虫害防治原色图鉴 [M]. 南宁: 广西科学技术出版社.

海伦·拜纳姆, 威廉姆·拜纳姆, 2017. 植物发现之旅 [M]. 戴琪, 译. 北京: 中国摄影出版社.

黄媛媛, 徐小俊, 2021. 全球香蕉产业现状与发展趋势 [J]. 热带农业工程, 45 (5): 34-38.

姜燕, 2005. 中国主要蕉类形态学与分子系统学研究 [D]. 重庆: 西南农业大学.

李佳琪, 2015. 世界香蕉贸易格局变化对中国香蕉市场的影响研究 [D]. 海口: 海南大学.

林日荣, 1979. 香蕉 [M]. 广州: 广东科技出版社.

陆旺金, 张昭其, 季作梁, 1999. 热带亚热带果蔬低温贮藏冷害及御冷技术 [J]. 植物生理学通讯 (2): 158-163.

迈克尔·皮莱, 乔治·乌德, 吉德伦金·科莱, 2018. 香蕉遗传学基因组学与育种 [M]. 冯慧敏, 徐小雄, 译. 北京: 中国农业出版社.

邵秀红, 吴少平, 窦同心, 等, 2019. "Gros Michel" 香蕉胚性细胞悬浮系及遗传转化体系的建立 [J]. 分子植物育种, 17 (3): 846-854.

沈隽, 1966. 单性结实: 产生无籽果的一个原因 [J]. 生物学通报 (3): 15.

石磊, 2012. 联合果品公司研究综述 [J]. 世界近现代史研究 (1): 258-279, 312-313.

许林兵, 杨护, 黄秉智, 2008. 香蕉生产实用技术 [M]. 广州: 广东科技出版社.

杨志敏, 1999. 美国和欧盟香蕉贸易战透视 [J]. 世界农业 (7): 9-10.

张静, 孙秀秀, 徐碧玉, 等, 2018. 香蕉分子育种研究进展 [J]. 分子植物育种, 16 (3): 914-923.

驻厄瓜多尔使馆使馆经商处, (2002-10-25) [2002-10-25]. 厄瓜多尔的香蕉业 [EB/OL]. http://www.mofcom.gov.cn/aarticle/ae/ai/200212/20021200060481. html.

AMAH D, VAN BILJON A, BROWN A, et al., 2019. Recent advances in banana (Musa spp.) biofortification to alleviate vitamin A deficiency [J]. Critical reviews in food science and nutrition, 59 (21): 3498-3510.

CARL R, 1976. Pictorial: the banana navy [J]. United States naval institute proceedings, 102 (12): 50-56.

MBABAZI R, HARDING R, KHANNA H, et al., 2020. Pro-vitamin A carotenoids in East African highland banana and other Musa cultivars grown in Uganda [J]. Food science & nutrition, 8 (1): 311-321.

ORTIZ R, SWENNEN R, 2014. From crossbreeding to biotechnology-facilitated improvement of banana and plantain [J]. Biotechnology advances, 32 (1): 158-169.

PLOETZ R C, 2015. Fusarium wilt of banana [J]. Phytopathology, 105 (12): 1512-1521.

REEVES G, TRIPATHI A, SINGH P, et al., 2022. Monocotyledonous plants graft at the embryonic root–shoot interface [J/OL]. Nature, 602 (7896): 280-286 [2021-12-22]. https://doi.org/10.1038/s41586-021-04247-y.

第十五章

胡椒

——辛辣的贸易传奇

学名：*Piper nigrum* L.

英文名：Pepper

植物学分类：胡椒科胡椒属

要说用"香料之王"——胡椒来调味的美食，那可谓数不胜数：西方牛排上撒满的星星点点，中国胡辣汤里那一口浓呛辛辣，印度胡椒鸡和胡椒虾的香气逼人……胡椒，虽然在形式上总是默默融入数不清的食物内，但在味觉上，它却像惹火的舞娘，在我们的味蕾上暴烈地旋转、跳跃，让我们闭着眼，躁动期待着喉咙后方再传来一阵放肆刺激的爽劲。

尽管，今天我们走进超市就可以轻松地买到胡椒，但若把时光的指针拨到中世纪前的欧洲，胡椒简直就像引起特洛伊战争的美女海伦，成为热切目光迫切寻求的焦点。人们为了珍贵的胡椒开辟航路，钻营抬价，甚至大打出手——是的，除了"香料之王"，胡椒另一个别称就是"黑色黄金"。谁承想，这种热带藤蔓植物所结出的表皮皱巴巴的小小颗粒，暴烈地把欧洲拖出发展迟缓的中世纪，带进国际化的印度洋贸易网。

胡椒，罗马求和的代价

纵观欧洲发展史、航海史以及新大陆的发现，无不弥漫着胡椒的辛辣气味。

早在1世纪，罗马人就发现了胡椒的美味。《罗马帝国衰亡史》记载，胡椒是"大多数奢华的罗马烹饪菜中的一种特别常见的成分"，罗马人埃皮西乌斯在《烹调书》中记载了 400 多道菜谱，近 3/4 的菜都要用到胡椒。

胡椒原产于印度西海岸的马拉巴尔（Malabar），很长一段时间里，这个距离欧洲各港口都十分遥远的地方，却是胡椒的唯一产地。曾经，罗马人花大量的钱从东方进口胡椒，当他们得知胡椒产于印度，并发现如何利用季风航行于红海港口与印度马拉巴尔东海岸之间后，便开始了对贸易线路的航线开辟。只要短短 40 天，罗马人就能漂洋过海来到印度。整个莫西里城开始响彻胡椒叫卖的喧嚣："来时带着金子，走时带着胡椒"，扬帆远航的罗马商人可谓赚得盆满钵满。直到今天，印度还能挖出用于购买胡椒的罗马金币，以及存放葡萄酒和其他贸易品的地中海双耳细颈陶瓶。

有利益，就有斗争，谁不希望值钱的胡椒到自己的碗里来呢！为了贮藏胡椒和其他稀有香料，图密善在位时便为罗马建造了"胡椒粮仓"。公元 408 年，哥特人领袖阿拉里克率军一路直捣罗马，眼见兵临城下，罗马人向阿拉里克跪地求饶，而阿拉里克提出的退兵条件除了金银财宝外，还有一项要求就是索要大量的胡椒。

当阿拉里克的军队离开罗马时，他带走了整整 136 千克的胡椒。遗憾的是，海量的胡椒只为罗马换来 2 年的和平，阿拉里克的军队卷土重来后，富饶一时的罗马最终沦陷。

罗马陷落后，胡椒在西方世界更加珍贵。在统治阶级看来，菜肴，尤其是肉食中，若不加入大量胡椒、丁香和肉桂调味，那简直味同嚼蜡。12 世纪的英国，一磅胡椒的价值相当于一名葡萄园工人 7 天的工资。根据 14 世纪的一本家庭账簿记载，一磅胡椒甚至可以换来一头猪。中世纪的欧洲，胡椒成了当之无愧的食物货币，可以用来买卖土地、用作军饷、当作嫁妆，甚至有商人在胡椒中掺杂银屑售卖。穷人买不起香料，也不能买到很多肉，"他没有胡椒"这句话在中世纪的欧洲常来形容无足轻重的小人物。胡椒俨然成了当时社会身份和地位的象征。

不仅如此，人们对胡椒的痴迷已经上升到了精神信仰。对基督教徒来说，香料代表神力，是神圣的。《世界民族博览》描述位于东方的伊甸园中，人们"食用胡椒以及上天赐给他们的食物"，这更为胡椒披上了神秘东方香料的外衣。

浸透鲜血的胡椒贸易

在中世纪过渡至近代期间，欧洲历经瘟疫、饥荒，这让他们对富饶东方的幻想和憧憬达到了巅峰，而以胡椒为代表的香料正是东方财富最直接的象征之一。

1492 年，西班牙人哥伦布开启了新大陆之旅，传说中的"香料群岛"正是他的目的地。船队于当年 10 月抵达加勒比海中的圣萨尔瓦多岛，尽管与目标相差整整半个地球，哥伦布却误认为自己已经到达了印度。他马不停蹄地在加勒比海各地搜索，发现了古巴、海地，却始终无法找到他梦寐以求的胡椒，这令他寝食难安。

1493 年 9 月至 1504 年 11 月，哥伦布又陆续进行了 3 次"通往印度"的远航。他的船上就带着胡椒，这是为了确保不论他在哪里登陆，

胡椒

Piper nigrum L.

当地土著都能告知何处可以找到胡椒。1498 年，他误打误撞发现了前所未见的美洲新大陆。然而，没有找到胡椒的航行只能被定义为劳民伤财的失败，哥伦布彻底失去了国王的信任，债台高筑的他不得不搬到乡下居住，两年后便在贫病和对胡椒苦寻不得的遗憾中郁郁而终。

但大航海线路的开辟无疑加速了世界交流碰撞的节奏，让两个本是长期隔绝的新旧世界开始了前所未有的对话和联系：一方面促使大量的美洲作物开始流向全球，另一方面也给当地人带来了战争、疾病。这突然的"邂逅"，不知混杂了多少抵抗入侵的无可奈何。仅仅几百年的时间，美洲大陆原住民数量减少了 95%。溯源到头，印第安人悲惨的命运和生态环境被破坏，西班牙人对胡椒的渴望竟也是原因之一。

贪婪，随即又催生了一场场胡椒贸易大战，在威尼斯人、西班牙人、葡萄牙人、荷兰人、英国人和法国人之间展开。

有"亚得里亚海女王"之誉的威尼斯在 15 世纪主宰着中世纪欧洲的香料贸易，但威尼斯人的路线必须结合海路、陆路，相当复杂。为了打破威尼斯对胡椒贸易的垄断，1497—1498 年，葡萄牙的探险家达·伽马绕道非洲，到了印度的马拉巴尔海岸，这条纯由海上即可到达印度的路线让葡萄牙人算是找到了通往胡椒产地的捷径。

很快，达·伽马发现，这个富可敌国的港口，竟然没有什么像样的军队，百姓们对火炮的威力更是一无所知。邪恶的计划便在他心中开启酝酿。1502 年，他亲率 15 艘武装战船开赴印度，在所有贩卖香料的港口进行杀戮和抢劫，用重炮对人口密集的城市进行了野蛮轰炸，无辜的商人与海员的尸体被吊在桅杆上……通过野蛮的暴行，达·伽马得到了他想要的一切：难以计数的胡椒、桂皮、肉豆蔻，以及来自遥远中国的生姜、大黄、芦荟……源源不断运回国内的香料让整个葡萄牙沸腾了。

当达·伽马带着胡椒回到里斯本时，立刻杀价抛售胡椒，狠狠挫败了威尼斯人的胡椒生意。而后，荷兰人从葡萄牙手中夺回苏门答腊时，立即又为胡椒翻倍涨价。

可怜作为胡椒主产地的印度，却并没有因此获得财富，而是成了欧洲各国的争端之地。伏尔泰曾哀叹，自 1500 年后，在印度取得的胡椒没有"未被血染红的"！来自欧洲"文明世界"的商人，最终让印度沦为了西方的殖民地。

17 世纪、18 世纪，荷兰人和英国人为了争夺胡椒的控制权，分别成立了 2 家臭名昭著的公司：荷兰联合东印度公司和英国东印度公司。虽然一趟航行的利润最高能达到 10 倍，但是大规模航路的开辟让败血症、痢疾等疾病肆虐商船，加上行船失事的概率，往往导致高比例的船员死亡。

"自损八百"的同时，这 2 家贸易公司依然兴头不减，它们的竞争几乎存在于亚洲每一处胡椒港，愈演愈烈的胡椒贸易让欧洲人与印度的地区首领、民众发生过大大小小的对抗与尔虞我诈。荷东印公司将军科恩以凶狠著名，为扫荡违抗者屠杀上万名香料群岛居民。而后，荷兰人更是将万恶的鸦片作为印度生产胡椒的贷款，催生祸害匪浅的鸦片贸易。

19 世纪，美国人也开始加入胡椒贸易大战，当他们发现无法在原有格局中占到便宜，便精打细算地赚取"胡椒周边"的财富——胡椒带来的进口关税就是其一。然而，时有马六甲海峡的海盗将美国商船打劫一空，每当海盗危机胡椒贸易时，安德鲁·杰克逊总统就会派出战舰至苏门答腊，自卫的同时也鲁莽杀害了当地无辜首领和村民，这也是历史上美国首次正式武装介入东南亚。

你方唱罢我登场，欧洲人从胡椒贸易中取得了巨额财富，资本主义开始风起云涌。欧洲、亚洲、非洲及在航海中发现的美洲，在政治和经济上联系日益紧密，世界开始成为一个整体。可以说，胡椒贸易加速了世界格局的重新洗牌。

如今看来，在厨房里如此平常的一味调料，竟然在世界经济版图重新规划时掀起那般壮阔的血雨腥风。传奇的胡椒发展史，让"自然环境得天独厚的地方，却受到了历史的诅咒"，它夹杂着经济、人文、政治相互激烈作用的斗争风波，或繁华或血腥或悲情，令胡椒在辛辣之余，多了一番令人五味杂陈的唏嘘。

中国的胡椒往事

胡椒在很早之前就传入了中国，晋代张华的《博物志》记载了胡椒酒及其用法。葛洪的《肘后备急方》则记载："孙真人治霍乱，以胡椒三四十粒，以饮吞之。"宋元时期，海外贸易开始发展之时，胡椒的影响随之扩大。胡椒贸易或为百姓致富，或为巨商豪强垄断，或引发贪官走私，但却很少演绎出欧洲国家那般为胡椒动用武力、头破血流的残酷竞争，这又是为什么呢？

胡椒，这一木本藤蔓植物，原产于印度南部西高止山脉的雨林里。胡椒藤喜欢温暖、潮湿、多雨水的热带地区，因此放眼全世界，也只有赤道附近一条狭窄的地带符合要求。当发现家门口的邻国有这么宝贵的"土特产",中国人早在欧洲人之前,就与印度开辟了胡椒贸易。

北宋时期,东南亚各国使节来到中国时常以胡椒作为贡品;元朝,马可波罗在他的游记中啧啧称叹泉州、杭州的胡椒贸易是多么如火如荼。

明初,胡椒已是官商之间的"礼尚往来"。太监钱宁被抄家时,家里能搜出胡椒数千石。《金瓶梅》小说中,也描写了西门庆盖房子时,李瓶儿就将自己藏着的沉香、白碧和80斤胡椒拿出来替夫筹钱。而后,郑和规模庞大的下西洋船队就航行到非洲东岸,开辟了至印度西南岸购买胡椒的最短航线。郑和也带回了数不胜数的胡椒,宫里顿顿吃胡椒,花了50年才吃完。

16世纪,在亚洲的欧洲人深知中国人对胡椒的爱,他们在实践中总结出"把香料卖到中国跟卖到葡萄牙一样赚钱"的经验,但胡椒贸易似乎只是中国古代经济发展中"锦上添花"的一笔,并没有掀起足以改变格局的巨浪。究其原因,也许是明朝贬抑商贸的政策或多或少削弱了商人们的积极性,又或者,是中国对热带香料的依赖远远弱于欧洲。

中国的气候多样性强,因而植物群类丰富而复杂——亚热带地区出产传统香料"木兰",而北方则出产草本香料"兰"。总之,中国可以自产上好的香料,比如桂皮、花椒、生姜,等等。虽然,外来的胡椒人气一直居高不下,但中国人的"香料后宫"实在丰富多彩,所以胡椒并没有"一家独大"的机会。

明朝万历年间,海南、云南开始尝试种植胡椒,渐渐地,"国产化"的胡椒身价更亲民了。1644年,清兵入关,许多人逃往国外,来到马来西亚种植胡椒。17 世纪末，华人已成为当地显耀的胡椒商人。

今天，位于热带的海南岛是我国胡椒生产的主要基地。海南民间曾广泛流传过这样一句俗语："一金二银三胡椒仁"。可见胡椒在百姓心目中价值之高。海南的胡椒种植曾经受困于品种老化、基础设施差、加工质量不高等客观因素，但今天，走联合经营、规模化、产业化的本土农业企业正抓住海南自贸港建设的优势，利用自身高质量种质资源，打造精品化胡椒产品，在多地扩展原料库，进一步扩大产能，树立品牌，让"海南胡椒"从地域化走向国际化。

胡椒的那些"特异功能"

市面上常见的胡椒有黑胡椒和白胡椒，一黑一白外貌差别很大，烹饪出的菜肴味道也不同，它俩究竟有什么区别呢？

其实，黑胡椒和白胡椒的原料是相同的，只是加工方式不一样。胡椒还未成熟时采摘下来晒干，表皮皱缩发黑，即为黑胡椒。待胡椒成熟后，采摘并泡水去皮，就能得到白胡椒。简单来说，白胡椒其实就是"脱了壳"的胡椒种子。100 千克的黑胡椒大约可制得 70 千克的白胡椒。

黑白胡椒味道差异则是由于黑胡椒的果皮中含有胡椒油、微量胡椒碱，相对更香一些。白胡椒由于去了皮，使它失去了这些味道，所以白胡椒的香味并没有黑胡椒丰富。但白胡椒种子中的胡椒碱含量较高，吃起来更加辛辣，在烹调食物时可以提味，适合烹调腥味比较重的食物。

胡椒碱不仅赋予了胡椒辛辣的主味，在药用领域，也早早被我们的祖先用于治疗癫痫。胡椒入药的历史在《唐新修本草》中就有记载，胡椒"温中，去痰，除脏腑中风冷"。那个时候还没有癫痫的病名，而是将癫痫的症状归为"痰症"。新中国成立后，医学专家又发现，在民间流传着"白胡椒加萝卜"的治疗偏方。透过现象研究本质，医学家们又通过动物实验，初步证实古老偏方的秘密所在：胡椒确实具有抗惊厥作用。目前，提取自胡椒的化学物质也被加入治疗儿童癫痫的药物中。

而胡椒碱更为人所重视的作用，在于它可以提高药物的生物可利用度。要知道，我们肝与肠中的"代谢酶"，就像一个敌我难分的"人体卫士"，在净化食物中的不良元素的同时，也阻碍了药物发挥疗效。印度的研究团队发现，胡椒碱可以抑制肝、肠中某些酶的活性。而后陆续有临床试验显示，胡椒碱确实可以提高病人体内的药物含量，包括治疗癫痫的苯妥英、高血压的普萘洛尔、哮喘病的茶碱等。在今天的印度，人们也依赖由胡椒制成的混合草药——肠胃适，配合别种草药来治疗多种病症。

由此，胡椒入药的传统医学，如今正引起关注。也有试验显示，胡椒在抗癌领域中或将继续发挥作用。这个曾在人类贸易战争中掀起惊涛骇浪的小小颗粒，虽然早已化为普通作料在寂寂中身价不复从前。但在等待人类不断探秘的医药宝库中，胡椒依然是充满希望的待测品，向我们勃勃展示着它"诸病克星"的功效与潜力。

2022 年冬奥会，胡椒被运动员菜单"除名"，原因是胡椒中的去甲乌药碱是一种 β_2- 受体激动剂类禁用物质。服用该物质后，能够提高心率，增加心肌振幅，有助于提高运动能力。由此，胡椒被归入了食源性兴奋剂的行列。根据中国反兴奋剂中心 2021 年 11 月更新的《大型赛事食源性兴奋剂防控工作指南》，胡椒、花椒、桂皮等香料调料被列入一级防控，进行最严格的食源性兴奋剂检测。因而，它们都无缘北京冬奥会餐桌。

参考文献

北京医学院基础部药理教研组，1974. 胡椒碱的抗惊和镇静作用［J］. 北京医学院学报（4）：217-220.

陈博君，2021. 胡椒缘何成为香料之王［J］. 百科知识（11）：31-37.

崔广智，裴印权，2002. 胡椒碱抗实验性癫痫作用及其作用机制分析［J］. 中国药理学通报（6）：675-680.

方乐天，2010. 黑胡椒 vs 白胡椒［J］. 中国食品（15）：44-45.

黄瑞珍，2012. 香料与明代社会生活［D］. 福州：福建师范大学.

黄宗道，2000. 天堂的种子：热带作物［M］. 北京：清华大学出版社；广州：暨南大学出版社.

玛乔丽·谢弗，2019. 胡椒的全球史［M］. 顾淑馨，译. 上海：上海三联书店.

田汝英，2013. "贵如胡椒"：香料与 14-16 世纪的西欧社会生活［D］. 北京：首都师范大学.

田甜，2022. "无缘"北京冬奥会的珍贵香料：胡椒［J］. 中国体育教练员，30（2）：20-21.

王禹栋，2019. 生态视角下的历史书写：以克罗斯比《哥伦布大交换》为例［J］. 文化创新比较研究，3（8）：28-29.

于岚，郝正一，胡晓璐，等，2020. 胡椒的化学成分与药理作用研究进展［J］. 中国实验方剂学杂志，26（6）：234-242.

余昕，2017. 香料与世界［J］. 民族学刊，8（1）：43-49，106-109.